SAMMLUNG GÖSCHEN BAND 714/714a

EINFÜHRUNG IN DIE TECHNIK SELBSTTÄTIGER REGELUNGEN

von

DR.-ING. WERNER ZUR MEGEDE

Mit 86 Bildern

WALTER DE GRUYTER & CO.
vormals G. J. Göschen'sche Verlagshandlung · J. Guttentag, Verlagsbuchhandlung · Georg Reimer · Karl J. Trübner · Veit & Comp.
BERLIN 1956

Archiv-Nr. 110 714
Satz und Druck von Mercedes-Druck, Berlin SW 61, Blücherstr. 22
Printed in Germany

Inhaltsverzeichnis

Inhaltsverzeichnis

Literaturverzeichnis

In folgendem ist die nach 1945 erschienene deutschsprachige Buch- und Zeitschriftenliteratur aufgeführt. Auf Ziff. 4 sei hinsichtlich des mathematischen Gehaltes, auf Ziff. 3 und 5 hinsichtlich der Fülle von praktischen Beispielen aufmerksam gemacht.

1. Fachausschuß für Regelungstechnik VDI/VDE, Regelungstechnik, VDI-Verlag, Düsseldorf, und VDE-Verlag, Wuppertal und Berlin 1954
2. Hänny, J., Regelungstheorie, Verlag Leemann u. Co., Zürich 1947
3. Leonhard, A., Die selbsttätige Regelung, Springer-Verlag, Berlin/Göttingen/Heidelberg 1949
4. Oldenbourg, R. C., und Sartorius, H., Dynamik selbsttätiger Regelungen 1. Bd., 2. Aufl., Verlag R. Oldenbourg, München 1951
5. Oppelt, W., Kleines Handbuch Technischer Regelvorgänge, 2. Aufl., Verlag Chemie, Weinheim 1956
6. Peters, J., Einschwingvorgänge, Gegenkopplung, Stabilität, Springer-Verlag, Berlin/Göttingen/Heidelberg 1954
7. Profos, P., Vektorielle Regeltheorie, 2. Aufl., Verlag Leemann u. Co., Zürich 1954
8. Regelungstechnik, Zeitschrift für Steuern und Regeln, Verlag R. Oldenbourg, München
9. Schäfer, O., Grundlagen der selbsttätigen Regelung, Franzis-Verlag, München 1953
10. Schönfeld, H., Regelungstechnik, VEB Verlag Technik, Berlin 1953
11. Seidl, K., Regeltechnik, Verlag F. Deuticke, Wien 1950
12. Strecker, F., Praktische Stabilitätsprüfung, Springer-Verlag, Berlin/Göttingen/Heidelberg 1950
13. Wissenschaftlicher Ausschuß des VDE, Elektronische und magnetische Steuerungen und Regelungen in der Antriebstechnik, VDE-Verlag, Wuppertal und Berlin 1953
14. Wünsch, G., Regler für Druck und Menge, Verlag Oldenbourg, München 1930
15. Wünsch, G., in „Hütte", Bd. II A, 28. Aufl., S. 1233ff, Verlag W. Ernst u. Sohn, Berlin 1954.

Biologische und medizinische Literatur: Auch in der Biologie und Medizin ist das Problem der *selbsttätigen Regelung*, angeregt von den Erfolgen in der Technik und aufbauend auf dem Begriff des geschlossenen Regelkreises, fruchtbar geworden. Sicher sind biologische Vorgänge viel komplizierter. Der Gesamtmechanismus besteht aus einer Anzahl ineinandergreifender Regelprozesse und die biologischen Sollwerte dürften je nach den Nebenbedingungen veränderlich sein und auch von den Regelvorgängen selbst beeinflußt werden. Viele Untersuchungen haben Gesetzmäßigkeiten erkennen lassen, die den in der Technik beobachteten entsprechen. So bewirkt z. B. eine plötzlich erhöhte und dann konstant gehaltene Kochsalzzufuhr *(Sprungfunktion)* eine praktisch exponentiell ansteigende Chlorid-Ausscheidung mit einer Zeitkonstante von etwa 3 Tagen. Eine stoßförmig, d. h. rasch in die Vene injizierte Traubenzuckerbelastung *(Nadelfunktion)* führt zu einer dynamischen Blutzuckerbewegung, die in etwa 180 Minuten abklingt und je nach Fall periodisch bis überaperiodisch gedämpft ist. Literaturangaben z. B. in: H. Mittelstaedt (Hrsg.), Regelungsvorgänge in der Biologie (Vorträge 1954), Beih. zur Regel.-Techn., Verlag R. Oldenbourg, München 1956.

Verzeichnis der Formelzeichen

A	= Anlaufwert
D	= Dämpfungsgrad
$F(j\omega)$	= oder kürzer F = Frequenzgang
F_R	= dito des Reglers
F_S	= dito der Regelstrecke
F_V	= dito des Vorwärtsgliedes eines Regelverstärkers
F_r	= dito des Rückführgliedes
P_k	= kritischer Punkt (Prüfpunkt)
p	= $j\omega$
q	= Ausgleichswert, auch Ausgleichsgrad
r	= Rückführgröße
T_a	= Anlaufzeit der Regelstrecke
$T_{\mathfrak{J}}$	= bezogene Stellzeit
T_n	= Nachstellzeit
T_r	= Anlaufzeit des P-Reglers, der mit Trägheit behaftet ist
T_S	= Zeitkonstante der Regelstrecke
T_t	= Totzeit der Regelstrecke
T_v	= Vorhaltzeit
T_y	= Stellzeit bei größtmöglicher Stellgeschwindigkeit
V_P	= Verstärkungsfaktor des Reglers
V_S	= Verstärkungsfaktor der Regelstrecke } $V = V_S V_P$
W	= Führungsgröße
W_0	= Bezugswert der Führungsgröße
w	= Führungsgrößenverstellung
X	= Istwert der Regelgröße
X_0	= Bezugswert der Regelgröße
X_h	= Laufbereich
X_K	= Sollwert der Regelgröße
X_p	= Proportionalbereich
x	= Abweichung des Istwertes vom Bezugswert
x_m	= Überschwingweite
x_w	= Abweichung des Istwertes vom Sollwert
Y	= Stellgröße
Y_0	= Bezugswert der Stellgröße
Y_h	= Stellhub
y	= Stellgrößenänderung
Y/Y_h	= Stellgrad

Z	=	Störgröße
Z_0	=	Bezugswert der Störgröße
Z_h	=	Störgrößenbereich
Z/Z_h	=	Störgrad
z	=	Störgrößenänderung
δ	=	Abkling- bzw. Aufklingkonstante
ν	=	komplexe Kreisfrequenz
τ_0, τ_1	=	Rückführzeitkonstanten des Regelverstärkers
τ_i	=	Integrierzeit des Regelverstärkers
ω	=	$2\,\pi\,f$ = Kreisfrequenz

DIN 19 226 empfiehlt, die Größen selbst durch große Buchstaben und die Abweichungen der Größen von einem Festwert durch kleine Buchstaben zu kennzeichnen. Beide Bezeichnungen werden sowohl für dimensionsbehaftete als auch für dimensionslose — bezogene (mit einem Bezugswert dividierte) — Darstellungen verwandt, worauf oft sehr zu achten ist.

Einleitung

Durch die Verfeinerung der Technik auf allen Gebieten hat die Regelungstechnik große Bedeutung erhalten und weite Verbreitung gefunden. Unsere Baustoffe haben sich verbessert und lassen wesentlich engere Toleranzen zu, deren Einhaltung besondere Maßnahmen erfordern. Unsere Produktionstechnik arbeitet zunehmend mit komplizierten Methoden, bei denen viele Arbeitsgänge aufeinander folgen oder gar ineinander geschachtelt sind, so daß eine Überwachung immer schwieriger wird. Viele Güter werden in Massenproduktion hergestellt mit dem Ergebnis einer Erhöhung der Produktionsgeschwindigkeit. Das menschliche Auge und die Hände sind nicht mehr imstande, die geforderten Werte mit der notwendigen Konstanz einzuhalten oder der Schnelligkeit des Ablaufs eines technischen Vorganges auf allen möglichen Gebieten zu folgen. Oder der Mensch will sich außerhalb von Gefahrenzonen begeben können oder anderseits entlastet sein, um seine Arbeitskraft neuen Aufgaben zu widmen. Hier wird die moderne *Regelungstechnik* unentbehrlich. Wenn gesagt wurde, daß sie ein Mittel sei, dem Menschen das Denken abzunehmen, so ist das nur bedingt richtig. Der Mensch muß vielmehr in anderer Form denken, muß die Regelungsmethoden erfinden, einrichten, überwachen und auf breiter Basis übersehen und verstehen. Die Regelungstechnik geht nicht nur den entwickelnden und den projektierenden Ingenieur und Techniker an, sondern ebensosehr auch den Betriebsmann, der das Verhalten seiner Anlagen kennen muß.

In der Technik selbsttätiger Regelungen gewinnen die dynamischen Vorgänge besondere Bedeutung. Wenn die Technik bisher vielfach nur *statisches Denken* verlangte, so fordert sie fortan zumindest auf regeltechnischem Gebiet auch *dynamisches Denken*, um den zeitlichen Ablauf von Zuständen, die einer Veränderung unterworfen sind, verfolgen zu können. Zur Beschreibung des Zeitverhaltens stehen verschiedene mathematische Mittel zur Verfügung. Daß es *für eine Einführung* genügt, sich ihrer nur in beschränktem Maße und in Anwendung auf einfache Aufgaben zu bedienen, bedarf keiner Worte. Zur Entlastung für den eiligen Leser sind wichtige mathematische Zusammenhänge in einem Anhang zusammengefaßt worden. Um Hinweise auf andere Textstellen auf das Notwendigste zu beschränken, wurde das Sachverzeichnis sehr ausführlich verfaßt. Durch Aufsuchen der jeweiligen Stichworte in diesem lassen sich ergänzende Ausführungen an anderen Stellen schnell finden. Der beschränkte Raum schreibt vor, auf Abbildungen ausgeführter Regler und Regelanlagen zu verzichten zu Gunsten von prinzipiellen Schaltbildern und Kurven, die das Verständnis der physikalischen und technischen Zusammenhänge besser fördern. Die Mannigfaltigkeit der Aufgaben und der technischen Ausführungen von Regelgeräten verbietet ein Eingehen auf Spezialfragen. Jedoch wurden verschiedentlich Angaben gemacht, die zwar aus speziellen Beispielen stammen, aber doch den Zweck verfolgen, auch quantitative Vorstellungen zu vermitteln.

§ 1. Was ist eine Regelung?

Dem Wunsche, daß ein Zustand — eine physikalische Größe — auch bei Änderung anderer ihn beeinflussender Größen konstant bleiben möge, kann in verschiedener Weise entsprochen werden. Zunächst kann uns die Natur selbst entgegenkommen. Das siedende Wasser z. B. hat auch bei veränderlicher Umgebungstemperatur eine immer gleiche Siedetemperatur von 100° C bei Normalluftdruck. Benötigt man eine Temperatur von 100° C und ist eine Toleranz von etwa ± 1° C (Auswirkung der wetterbedingten Luftdruckschwankungen) zulässig, würde man eine Kammer, die von siedendem Wasser umgeben ist, benutzen können. Muß man den Standort wechseln und gelegentlich in höhere Höhen verlegen, ist das Gerät bei unveränderter Toleranzgrenze nicht mehr verwendbar, da z. B. in etwa 3000 m Höhe (Zugspitze) der Siedepunkt des Wassers bereits bei 90° C liegt. Ein anderes Beispiel, das uns die Elektrotechnik bietet, ist die Stabilisierröhre für die Spannungskonstanthaltung. Sie liefert in Einfachschaltung dank ihrer „Charakteristik“ eine sehr kleine Schwankung der Brennspannung von wenigen Promille, wenn die Speisespannung der üblichen Schaltung um 20% schwankt und nur geringe Nutzströme entnommen werden. Es ist aber ein Temperaturgang von $\frac{1}{3}$ ‰/10° C und eine Alterungswirkung von etwa 10 ‰ in mehreren 1000 Betriebsstunden in Kauf zu nehmen, abgesehen davon, daß hinsichtlich der maximalen Schwankung der Betriebsspannung bestimmte Grenzen gezogen sind. Es gibt auch Schaltungsmaßnahmen, die entsprechende „Charakteristiken" erreichen lassen, was einer Kompensation der Wirkung einer bestimmten „Störgröße" gleichkommt. Andere „Störgrößen" werden hierdurch nicht erfaßt.

Man kann die Auswirkung störender Einflüsse auch dadurch beseitigen, daß man durch zusätzliche Anordnungen entgegengesetzte Wirkungen ausüben läßt. Auch dies ist keine Regelung in unserem Sinne. Ein Beispiel: Man denke sich einen Raum, der eine bestimmte Temperatur haben soll. Sich selbst überlassen nimmt er — mit gewissen zeitlichen Verzögerungen — eine Temperatur an, die von der Außentemperatur abhängig ist. Man kann dies verhindern, wenn man die Raumheizung in Abhängigkeit der Außentemperatur „steuern" läßt, wobei jedem Wert der Außentemperatur eine bestimmte Größe der Heizleistung zugeordnet ist. Die Außentemperatur beeinflußt über die Heizleistung die Raumtemperatur. Hier endet jedoch die Wirkung. Die Raumtemperatur selbst nimmt auf die Anordnung keinen Einfluß. Man spricht von einer *offenen Wirkungskette.* Dies wird so lange brauchbar sein, wie nur die Außentemperatur veränderlich ist, genügt aber nicht mehr, wenn im Außenraum zusätzlich Wind verschiedener Stärke auftritt, wenn Lüftungsklappen geöffnet oder geschlossen werden und wenn die Daten der Heizenergiequelle schwankende Werte aufweisen. Man könnte natürlich auch von diesen Einflußgrößen über dieselbe Heizvorrichtung oder über zusätzliche Heizvorrichtungen entsprechende Heizwirkungen ausgehen lassen. Doch erfordert dies beträchtlichen Aufwand bzw. infolge des Ineinandergreifens der verschiedenen Gesetzmäßigkeiten technische Schwierigkeiten.

Als „*selbsttätige Regelung*“ bezeichnet man eine Anordnung, die in unserem Beispiel nur von der Raumtemperatur, die konstant zu halten ist, als *Regelgröße* ausgeht und sich um die störenden Einflußgrößen nicht kümmert, sondern *auf Grund dauernder Messung* der Raumtemperatur eine Verstellung am Ventil der Heizvorrichtung bei Eintritt einer Temperaturänderung vornimmt. Hierbei muß die Verstellung des Ventils so erfolgen, daß sie eine Änderung der Raumtemperatur im Sinne einer Wiederherstellung des gewünschten Temperaturwertes bewirkt. Da die Änderung des Temperaturwertes von neuem auf den Regler wirkt usw., liegt ein „*geschlossener Wirkungskreis*“ vor, in dem fortlaufend *eine Wirkung umläuft*.

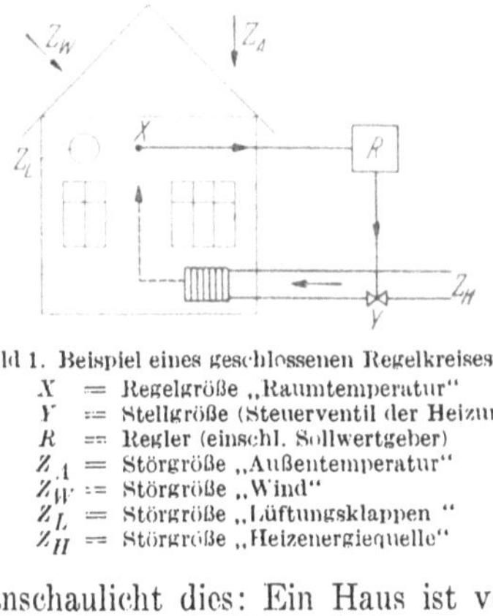

Bild 1. Beispiel eines geschlossenen Regelkreises
X = Regelgröße „Raumtemperatur“
Y = Stellgröße (Steuerventil der Heizung)
R = Regler (einschl. Sollwertgeber)
Z_A = Störgröße „Außentemperatur“
Z_W = Störgröße „Wind“
Z_L = Störgröße „Lüftungsklappen“
Z_H = Störgröße „Heizenergiequelle“

Bild 1 veranschaulicht dies: Ein Haus ist veränderlichen Einflußgrößen, den *Störgrößen* (Z_A = Außentemperatur, Z_W = Wind, Z_L = Öffnung der Lüftungsklappen, wie aber auch Z_H = Heizenergiequelle, deren Intensität Schwankungen unterworfen sein kann), ausgesetzt. An einem Punkt wird die Temperatur gemessen, der „*Istwert*“ der Regelgröße X. Vielfach muß die Regelgröße im Regler oder in einem besonderen Glied in eine andere Energieform umgewandelt werden, z. B. in eine mechanische Kraft, in eine elektrische Spannung oder dergleichen. Der umgewandelte Meßwert wird beispielsweise im *Regler R* mit einem vorgegebenen, fest eingestellten Vergleichswert verglichen, dessen Größe den „*Sollwert*" bestimmt, also den Wert, auf den die Temperatur geregelt werden soll und der auch verstellbar sein kann, wenn wechselnde Werte gefordert werden. Der Vergleich ergibt die *Regelabweichung* des gemessenen Istwertes gegenüber dem Sollwert, sie wirkt auf die Stellung des „*Stellgliedes*", das einen Eingriff in das Heizsystem bewerkstelligt, und beeinflußt den Wert der *Stellgröße Y*. Das Heizventil ist der Eingang der zu regelnden Anlage, der „*Regelstrecke*", und der *Meßort* der Regelgröße *X* ihr Ausgang. Die Regelstrecke umfaßt also die Heizanlage, den Heizkörper und den Luftraum samt den mehr oder weniger intensiv wärmeableitenden Außenwänden.

Anderseits ist der Meßort von *X* gleichzeitig der Eingang des Reglers und das Ventil *Y* der Ausgang. Da der Bau des Ventils von der Art der Anlage, hier des Heizsystems, abhängig ist, wird die Ausgestaltung des Ausgangs des Reglers von der Art des Stellgliedes beeinflußt. Der Regler enthält ferner wichtige Teile, die seine *funktionellen Eigenschaften* bestimmen und die nach der jeweiligen Aufgabe zu wählen sind. Die Regelstrecke kann in mehrere Teile zerfallen. Schon in unserem Beispiel kann man das Ventil, die Heizenergiequelle, das Rohrsystem, den Heizkörper, den Luftraum, die Wände als Teile auffassen, die aneinander gereiht sind. Sämtliche Teile des Reglers und der Regelstrecke, die „*Regelkreisglieder*", bestimmen in ihrer Gesamtheit das Verhalten des „*Regelkreises*".

Die Unterteilung und Gegenüberstellung der beiden Begriffe „Regelstrecke" und „Regler" ist etwas willkürlich. In Fällen, in denen das Stellglied zu seiner Betätigung einen ins Gewicht fallenden Energieaufwand erfordert, kann ein zusätzliches Glied notwendig werden, das die Energie hierzu liefert und das Ventil nach Maßgabe des Kommandos betätigt, das ihm vom eigentlichen Regler erteilt wird. Man könnte darüber streiten, ob es zum Regler oder zur Regelstrecke gehört. Dies kann durch Vereinbarung festgelegt werden. Die Gegenüberstellung eines Anlagenteiles „Regelstrecke" und eines anderen „Regler" ist in vielen Fällen nutzbringend. In anderen Fällen können andere Vereinbarungen getroffen werden. Siehe z. B. S. 34 letzte Zeile.

Bereits an unserem Beispiel sehen wir auch die Grenzen, die durch die Dimensionierung der Gesamtanlage gezogen sein können. Die eine Grenze ist erreicht, wenn das Ventil die Heizung ganz abgestellt hat. Will man 20° C halten und ist die Außentemperatur 30° C, so kann sich das erhoffte Ergebnis nicht einstellen. Andere Grenzen sind gegeben, wenn für — 50° C Außentemperatur die Heizenergie nicht ausreicht oder bei vorhandener Heizenergie ein anderer Anlageteil zu arbeiten aufhört. Der *Hubbereich* jedes Anlageteiles muß grundsätzlich den äußerst anzunehmenden Verhältnissen angepaßt sein, wenn die Anlage nicht ihre *Regelfähigkeit* verlieren soll. Wir wählten aus Gründen der Anschaulichkeit dieses Beispiel einer Raumheizung. Es ist nicht das einfachste, da der Wärmeübergang vom Heizkörper in den Raum, von diesem nach außen und die Vorgänge im Heizungssystem mit Trägheiten behaftet sind.

Neben der selbsttätigen Regelung, die uns ausschließlich beschäftigen wird, steht die handbetätigte Regelung. Beide werden von der „Steuerung" unterschieden, die sich offener Ketten bedient, da bei ihr nur in Zeitabständen Verstellungen erfolgen und in den Zwischenräumen keine gesicherte Beobachtung stattfindet, der Wirkungskreis unterbrochen, d. h. offen ist. Die deutsche Terminologie benutzt das Wort „Regeln" nur noch im Sinne des geschlossenen Regelkreises, während die Angelsachsen das Wort „control" sowohl für „closed loop control" als auch für „open loop control" anwenden. Der Schiffssteuermann „regelt" den Kurs seines Schiffes, auch wenn er sein Steuer von Hand betätigt, weil er dies auf Grund einer ununterbrochenen Messung mittels seiner Augen in ständig korrigierender Weise tut und seine dauernd eingeschalteten Sinnesorgane Teil eines geschlossenen Wirkungskreises sind. In Bezug hierauf hat N. Wiener 1948 den sich stürmisch entwickelnden Wissenschaftszweig der selbsttätigen Regelung „*cybernetics*" genannt, ein Wort, das bereits A. M. Ampère in der französischen Form „cybernétique“ zur Kennzeichnung der Verwaltungslehre geprägt hatte. Es ist das griechische κυβερνήτης = Pilot, übertragen Staatsoberhaupt (hiervon abgeleitet das lateinische „gubernator“ und das französische „gouverneur“).

§ 2. Das zeitliche Verhalten von Regelstrecken und Reglern

Der Umlauf der Wirkungen, der als Folge einer Änderung der Regelgröße ausgelöst wird, unterliegt den Gesetzen, die durch die Übertragungseigenschaften jedes einzelnen Gliedes des Regelkreises bestimmt sind. Die Fortpflanzungsgeschwindigkeit und Speicherfähigkeit innerhalb des einzelnen Regelkreisgliedes schreibt das zeitliche Verhalten vor, das zwischen seinen Ausgangs- und Eingangsgrößen zu beobachten ist. Daher steht eine Klassifizierung der Regelkreisglieder im Hinblick auf ihr zeitliches Verhalten im Vordergrund. Hierbei ist jedes einzelne Glied am Gesamtverhalten des ganzen Regelkreises gleichberechtigt beteiligt.

Unsere grundsätzliche Frage wird immer die sein: Welcher zeitliche Vorgang ist am Ausgang irgend eines Bauelementes als Wirkung gegeben, wenn am Eingang ein ursächlicher Vorgang dazu Veranlassung gibt? Es handelt sich stets um die Aufgabe, die Antwort des Ausgangs auf ein Geschehen am Eingang festzustellen. Experimentell oder rechnerisch ist eine Änderung der interessierenden Größe X_e am Eingang vorzunehmen (z. B. durch Verstellung eines Ventils einer Gasleitung um einige mm) und die als Antwort erfolgende Änderung festzustellen, die am Ausgang des Bauelementes hinsichtlich der dort interessierenden Größe X_a zu beobachten ist, die durchaus anderer physikalischer Natur sein kann (wie z. B. ein Gasdruck).

Zur Feststellung des zeitlichen Verhaltens eines Regelkreisgliedes werden zwei Verfahren angewandt. Bei dem ersten wird die Eingangsgröße von ihrem Wert X_{e0} zur Zeit $t = 0$ sprunghaft um einen bestimmten Betrag auf einen neuen Wert X_{e1} verändert, der fortan gehalten wird. Es wird gleichzeitig beobachtet, wie die Ausgangsgröße von ihrem bisherigen Beharrungswert X_{a0} auf einen neuen Beharrungswert X_{a1} übergeht. Der zeitliche Verlauf der Ausgangsgröße ist die „Übergangsfunktion zum Eingangssprung“, weniger genau als „*Übergangsfunktion*“ schlechthin bezeichnet. Der Sprung wird zu einem sogenannten *Einheitssprung*, wenn die Eingangsgröße um eine Einheit verändert wird.[1])

Bei dem zweiten Verfahren werden sinusförmige Änderungen der Eingangsgröße vorgenommen, d. h. eine Überlagerung einer Schwingung konstanter Amplitude und konstanter Frequenz über einen bestimmten festen Arbeitspunkt. Die überlagerte Sinusschwingung der Ausgangsgröße (im eingeschwungenen Zustande) wird mit derjenigen der Eingangsgröße verglichen. Es handelt sich um Versuchsreihen, bei denen jeder Einzelversuch mit einer anderen Frequenz durchgeführt werden muß. Die stets vorausgesetzte Linearität bewirkt, daß der Ausgang ebenfalls harmonische Schwingungen gleicher Frequenz zeigt. Festzustellen sind Amplitudenverhältnis und Phasendifferenz zwischen der Ausgangs- und Eingangsschwingung. Die in Abhängigkeit der Frequenz erhaltenen Ergebnisse, die auch in Form von Kurven aufgetragen werden, heißen *Frequenzgang*: Frequenzgang des Amplitudenverhältnisses, kürzer *Amplitudengang*, und Frequenzgang der Phasendifferenz, kürzer *Phasengang*. Die Verbindung beider für je frequenzgleiche Werte in komplexer Schreibweise ergibt die sogenannte *Ortskurve des Frequenzgangs*. In der Zeichnung ist ihr eine Skala zugeordnet, die über die Frequenzzugehörigkeit jedes Punktes Auskunft gibt.

Beide Verfahren stehen in engen mathematischen Beziehungen (s. § 22k). Bei beiden Verfahren ist das Vorliegen *linearer Verhältnisse* erforderlich, damit das Superpositionsgesetz gilt (weil sonst schwierige oder unlösbare rechnerische Verhältnisse gegeben sind). Falls bei größeren Änderungen der Eingangsgröße keine Linearität mehr anzunehmen ist, wird

---

[1]) Wir bevorzugen die Bezeichnung „Sprung“ bzw. Einheitssprung für den hier gemeinten Vorgang, bei dem für $t < t_0$ die Eingangsgröße den Wert X_{e0} und für $t > t_0$ den Wert X_{e1} hat, gegenüber der Bezeichnung „Stoß“, unter dem meist ein Vorgang verstanden wird, bei dem z. B. einem positiven Sprung zur Zeit t_0 etwas später (zur Zeit t_1) ein negativer Sprung gleicher Größe folgt, so daß ein Rechteckimpuls (Rechteckstoß) – bei sehr kleinem t_1 „Nadelimpuls“ – vorliegt.

die Betrachtung genügend kleiner Änderungen notwendig. Vielfach werden Änderungen des Sollwertes zur Auslösung eines Regelvorganges bevorzugt behandelt, da dies für die Regelung die schärfste Bedingung bedeutet. Bei Sollwertänderungen stehen momentan Regelgröße und Sollwert nicht mehr in Übereinstimmung, während Störgrößenänderungen sich infolge von Trägheiten, die zwischen dem Ort der Störgröße und dem Ort der Regelgröße liegen können, entsprechend träge auf die Regelgröße auswirken.

Hinsichtlich des zeitlichen Verhaltens spezieller Regelstrecken unterscheidet man verschiedene Grundtypen. Zuvor jedoch eine allgemeine Bemerkung: Bei stillschweigender Vernachlässigung *vergleichsweise* kleiner Werte, wie dies in der Regeltechnik oft der Fall ist, muß man Vorsicht walten lassen; denn bei einer Änderung der Vorbedingungen können plötzlich auch kleine Werte Bedeutung erhalten, z. B. kleine Zeiten irgendwo in der Gesamtanlage bei zu schneller Stellgliedverstellung, kleine Massen bei großer Beschleunigung usw.

Proportionalglieder ohne Verzögerung. Es liegen einfachste Verhältnisse vor, bei denen die Speicherfähigkeit eines Baugliedes in Anbetracht der zeitlichen Vorgänge in anderen Teilen des Regelkreises vernachlässigt werden kann. Die Ausgangsgröße folgt dann der erregenden Eingangsgröße praktisch unverzögert. Man spricht auch von einem „*verzögerungsarmen*“ Element.[1]) Dabei kann ein Verstärkungs- bzw. Schwächungsfaktor (>1 Verstärkung, <1 Schwächung) wirksam sein. Für jeden Augenblick besteht Proportionalität zwischen Ausgangs- und Eingangswert. Beispiele: Druckregelstrecke einer Flüssigkeitsleitung (ohne Gaspuffer), Spannungsregelstrecke rein Ohmschen Charakters.

---

[1]) „Verzögerungsarm“ soll also hier im Sinne von „praktisch verzögerungsfrei“ gemeint sein. Demgegenüber wird z. B. in manchen Veröffentlichungen der Verfahrenstechnik unter „verzögerungsarm“ eine Regelstrecke mit nicht allzu großer Verzögerung verstanden, die mit einem I-Regler geregelt wird, wobei gedämpfte Schwingungen entstehen und der Dämpfungsgrad für die Güte der Regelung zur Debatte steht. Diesen „verzögerungsarmen“ Regelstrecken werden Regelstrecken mit größerer Anlaufzeit gegenübergestellt, für die P-Regler (in Form von integralen Verstärkern mit starrer Rückführung, z. B. S. 84) empfohlen werden, da hier I-Regler zu lange Stellzeiten bewirken würden. Siehe G. Wünsch in „Hütte“.

Proportionalglieder mit Verzögerung liegen vor, wenn die Speicherfähigkeit eines Baugliedes nicht vernachlässigt werden kann. Die Ausgangsgröße folgt der Eingangsgröße nur zögernd, da die Auf- bzw. Entladung der zwischen ihnen liegenden Speicher Zeit erfordert. Bei nur einem Speicher verläuft die Ausgangsgröße bei sprunghafter Veränderung der Eingangsgröße exponentiell, mündet also nach zunächst zeitlich veränderlichem Verhalten schließlich in einen Beharrungswert ein, der zum ursächlichen Eingangswert in proportionaler Beziehung steht. Mit dem Beharrungswert sind die Verhältnisse wieder zu einem Gleichgewicht gekommen, zu einem „Ausgleich", so daß man auch von *Regelstrecken mit Ausgleich* spricht. Beispiele: die Druckregelstrecke mit Speicherfähigkeit, die Spannungsregelstrecke bei nicht vernachlässigbarer Selbstinduktion oder Kapazität.

Regelstrecken ohne Ausgleich. Im Gegensatz hierzu gibt es Regelstrecken, die nicht zu einem Ausgleich kommen oder zumindest erst so spät, daß der Ausgleich im Hinblick auf die übrigen zeitlichen Vorgänge im Regelkreis keine Bedeutung hat. Man spricht auch von *integralen Regelstrecken.* Beispiel: die Flüssigkeitsstandregelstrecke mit einer Dosierpumpe als Abnehmer.

Bei *Totzeitgliedern* beginnt die Ausgangsgröße sich erst nach einer gewissen Zeit zu ändern, es liegt zwischen diesem Beginn und dem Zeitpunkt der ursächlichen sprunghaften Änderung der Eingangsgröße eine „Totzeit". Beispiel: das Förderband, bei dem entsprechend seiner Geschwindigkeit eine Zeit vergeht, bis sich eine Änderung der Beschickung an seinem Anfang am Bandende bemerkbar macht.

Den Ausführungen der nächsten Paragraphen liegen idealisierte *stetige Regler* zugrunde, die die Regelgröße stetig messen und das Stellglied stetig stellen und leichter einen Überblick über das Verhalten von Regler und Regelstrecke im Regelablauf ermöglichen. Ein Regler gibt nach Feststellung der Regelabweichung ein gemäß seinem speziellen funktionellen Verhalten geartetes Ausgangskommando an die Verstelleinrichtung der Regelstrecke (s. auch § 9a, 2. Absatz). Folgende Reglertypen sind zu unterscheiden:

Der *P-Regler*, dessen Ausgangskommando eine Stellgrößenänderung bewirkt, die unverzögert proportional der Regelabweichung ist (P = Abkürzung von „proportional wirkend").[1])

Der *I-Regler*, der eine Stellgliedverstellung veranlaßt, so daß die Änderungs*geschwindigkeit* der Stellgröße proportional der Regelabweichung ist.[2]) Die Stellgrößenänderung ist proportional dem Zeitintegral der Regelabweichung (*I* = Abkürzung von „integral wirkend").

Der *PI-Regler* verstellt die Stellgröße *additiv* proportional der Regelabweichung und proportional dem Zeitintegral der Regelabweichung.[3])

Regler mit *D-Einfluß* (Regler mit *Vorhalt*) sind Regler, die die Stellgröße additiv auch noch proportional der Änderungsgeschwindigkeit der Regelabweichung verstellen (*D* = Abkürzung von differenzierend wirkend), z. B. *PD*- und *PID*-Regler.

Bezüglich der Schreibweise des funktionellen Verhaltens eines Reglers ist es aus logischen Gründen angebracht, *I*-, *IP*-, *IPD*-Regler zu schreiben[4]). Es ist zu erwarten, daß hiervon zunehmend Gebrauch gemacht wird.

In anderer Hinsicht unterscheidet man Regler *ohne Hilfskraft* und *mit Hilfskraft*[5]), je nachdem ob der Regler mit Energie aus der Regelstrecke allein oder mit von außen zur Betätigung des Stellgliedes zugeführter Energie arbeitet, die er mittels eines Elementes steuert, das auch *Kraftschalter* genannt wird. Schließlich werden Regler nach der Regelaufgabe bezeichnet, z. B. Druck-, Spannungsregler usw., ohne daß man aus dieser Bezeichnung etwas über ihr funktionelles Verhalten entnehmen kann.

Der prinzipielle Aufbau einer Regelung wird durch Aneinanderreihung der Regelkreisglieder in Form von rechteckigen Kästchen (Blöcken) bildlich dargestellt, in die man

---

[1]) Früher *statischer* Regler, Regler *mit Stellungszuordnung*.

[2]) Früher *astatischer* Regler, Regler *mit Stellgeschwindigkeitszuordnung*.

[3]) Früher Regler mit *vorübergehender Statik*, *Isodromregler*.

[4]) s. Fußnote [1]) S. 63 und Fußnote [1]) S. 135.

[5]) Früher direkte und indirekte Regler oder auch unmittelbare und mittelbare Regler.

meist die Übergangsfunktion oder den Frequenzgang des betreffenden Regelkreisgliedes einträgt. Es entsteht so der *Blockschaltplan des Regelkreises*. Man verschafft sich auf diese Weise ein symbolisches Schaubild, das die Übersicht sehr erleichtert. In den späteren Ausführungen mußte aus Raumgründen darauf verzichtet werden, den jeweils behandelten Aufgaben die Blockschaltpläne beizufügen. Dem Leser sei empfohlen, dies für sich zu tun. Es besteht keine Einheitlichkeit im Gebrauch der symbolischen Zeichen. In *Bild 2* ist ein

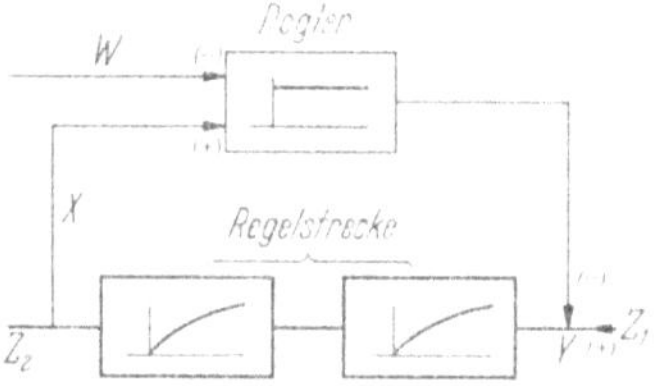

Bild 2. Prinzip eines Blockschaltplanes

Beispiel für eine Regelstrecke gegeben, die aus der Hintereinanderschaltung von zwei Proportionalgliedern mit je einfacher Verzögerung besteht. Die Stellgröße ist Y, die Regelgröße X. Würde es sich um ein strömendes Medium handeln, so würde ein schwankender Vordruck Z_1 eine Störgröße sein, ein unterschiedlicher Stromverbrauch Z_2 eine zweite Störgröße. Der Ausgang X wird auf das Kästchen geschaltet, das den Regler darstellt. Die eingezeichnete Übergangsfunktion zeigt an, daß es sich um einen P-Regler handelt. Ebenfalls auf den Eingang des Reglers ist die Führungsgröße W geschaltet. Die Differenz beider wirkt auf den Reglerausgang. Die Pfeile von X und W deuten an, daß eine Wirkung nur in Richtung auf den Regler stattfindet, nicht umgekehrt. Der Ausgang des Reglers wirkt in Richtung auf das Stellglied Y, jedoch so, daß das Stellglied im Sinne der Beseitigung einer erfolgten Regelgrößenänderung verstellt wird: *Vorzeichenumkehr* gemäß (4.1). Wenn man will, kann man dies im Bild durch ein beigefügtes Minuszeichen festhalten.

Bild 3 zeigt die symbolische Darstellung eines *PD*-Reglers, der aus einem Verstärker mit sehr großer Verstärkung und einer verzögerten Rückführung besteht. Hier sind in die Kästchen die in §§ 15 und 22 verwendeten Frequenzgänge V_∞ und $V_r/(1 + pT_v)$ anstatt der Übergangsfunktionen eingetragen. Es ist zu beachten, daß der Eingang der Rückführung von einer Stelle abgenommen ist, an der der Regler noch keine Vorzeichenumkehr für das richtige Arbeiten des Stellgliedes vorgenommen hat, und daß die Rückführgröße der Regelgröße entgegengeschaltet ist. Ferner wurde hier entsprechend vielfachem ausländischem Brauch, der sich aber auch gelegentlich im Inland findet, die Addition bzw. Subtraktion (je nach den beigeschriebenen Vorzeichen) von Werten durch einen kleinen Kreis mit einem liegenden Kreuz symbolisiert — Mischstelle, mixer —, während ein Punkt eine Abzweigstelle andeutet.

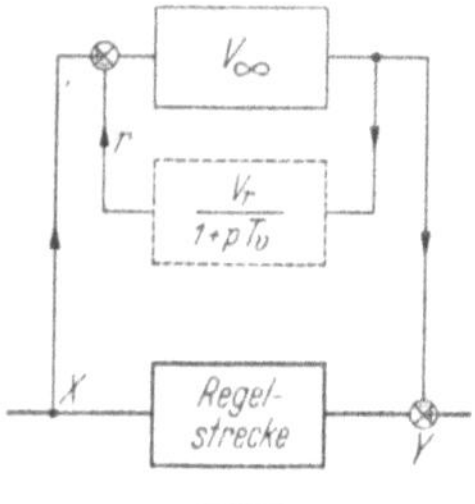

Bild 3.
Blockschaltplan mit Rückführung

Die Pfeile in den Blockschaltplänen geben allgemein die Wirkungsrichtung der „Nachrichten- oder Signalübertragung“ an, die der Anlaß zur Aktion des folgenden Gliedes ist. Das „Signal“ kann als die Wirkung charakterisiert werden, die die Änderung einer Größe (z. B. der Ausgangsgröße eines Regelkreiselelementes) auf eine andere Größe (z. B. die Eingangsgröße des folgenden Elementes) ausübt. Oft tritt in den Bildern der Führungswert *W* bzw. ein Vergleichswert nicht auf, weil stillschweigend sein Vorhandensein als selbstverständliche Notwendigkeit zur Bildung der Regelabweichung vorausgesetzt wird. Man kann auch die beiden Glieder der Regelstrecke von Bild 3 zu einem Glied zusammenziehen und als ein Kästchen zeichnen, in das dann die Übergangsfunktion eines Proportionalgliedes mit *Verzögerung 2. Ordnung* einzuzeichnen wäre. Allgemein ist anzunehmen, daß zwei aufeinander folgende Kästchen zwei untereinander rückwirkungsfreie Glieder symbolisieren, z. B. wirkt der Regler auf das Stellglied ein, dieses aber nicht auf den Regler zurück. In einem Bauelement mit mehreren Speichern, unter denen rückwirkende Einflüsse stattfinden, läßt sich eine Trennung nicht durchführen. Sie können nur durch die ihnen eigene spezielle Übergangsfunktion charakterisiert werden. Durch Rückführungen finden rückwirkende Einflüsse statt, die durch die Schaltung gewollt hervorgerufen werden. Beispiel: das gestrichelte Kästchen in Bild 3.

Von ebenso großer Bedeutung ist das Zeitverhalten von *Fühlern*[1]) und *Meßumformern*, die eine energetische bzw. quantitative Umformung der Regelgröße zur Anpassung an den Eingang des Reglers besorgen, sowie der Glieder, die eine entsprechende Umformung des Ausgangs des Reglers zur Anpassung an den Energiebedarf zur Verstellung des Stellgliedes zur Aufgabe haben. Oft haben sie ein Zeitverhalten, welches das des gesamten Regelkreises ebenso maßgebend beeinflußt wie Regelstrecke und Regler, da durch sie die Ordnung der Differentialgleichung erhöht wird und für das Stabilitätskriterium weitere Einengungen hinsichtlich der frei wählbaren Parameter entstehen. Das Bemühen zur Erzielung einer guten Regelung wird daher sein, die Anzahl der Regelkreisglieder möglichst zu vermindern und die Eigenschaften der notwendigen Elemente möglichst günstig zu gestalten. Oft ist die Länge von Druckleitungen, die einen Druck auf den Eingang des Reglers oder zu einem Stellglied übertragen, zu begrenzen. Träge Fühler (z. B. mit Massenträgheit behaftete Fühler oder träge thermoelektrische Meßvorrichtungen) sind in Anlagen mit großen Zeitkonstanten weniger bedenklich, wie hier auch *Eigenverzögerungen des Reglers* vernachlässigbar sein können.

---

[1]) Beispiele: Zur Drehzahlmessung die Zentrifugalkraft von Gewichten, die an der Welle befestigt sind und eine Muffe entgegen einer Federkraft verstellen, oder ein Tachodynamo; Rollentaster zur Dicken- und Durchhangmessung; zur Abstandsmessung pneumatische Düsen, deren Austrittswiderstand vom Abstand eines Materials abhängt; zur Durchflußmessung Venturirohre oder Blenden, bei denen der Druckunterschied *(Wirkdruck)* zwischen zwei Stellen proportional der Durchflußmenge ist, so daß die Regelaufgabe eine Druckregelung wird; zur Temperaturmessung Widerstandsthermometer, Gasdruckthermometer, Quecksilberthermometer, Thermoelemente usw.

Das Zeitverhalten des Regelkreises hat auch zur Unterteilung in Hauptgruppen von Anwendungsgebieten geführt. Es werden vielfach *Verfahrensregelungen* (Regelungen industrieller Prozesse) und *industrielle Regelungen* (Regelungen industrieller Antriebe) unterschieden, die sich jedoch stark überschneiden. Unter ersteren sind vornehmlich Regelungsaufgaben wie in der Chemischen Industrie vorherrschend, unter letzteren insbesondere antriebstechnische Regelaufgaben zu verstehen. Die ersteren sind durch große Zeitkonstanten und Zeiten charakterisiert (in der Größenordnung von Minuten bis zur Stunde: Öfen, Kessel, Destillationskolonnen, Absorber, Raumheizungen usw.), die letzteren durch wesentlich kleinere Zeiten (in der Größenordnung der Sekunde: Regelungen der Drehzahl, von Zug, von Stellungen, von Spannungen usw.). Das unterschiedliche Zeitverhalten mit verschiedenartigen Anlagenteilen war der Anlaß dafür, daß die Regelfachleute ursprünglich getrennt marschierten und daß sich teilweise uneinheitliche Begriffe und Ausdrucksweisen ausbildeten. Durch die Normungsarbeiten konnte dieser Zustand beseitigt werden, zumal *die regeltheoretischen Gesetze für alle Aufgaben gelten.* Als drittes Hauptgebiet kann man Fernstellregelungen ansehen, die im angelsächsischen Sprachraum *servomechanisms* genannt werden. Sie sind etwa durch die Aufgabe charakterisiert, in mehr oder weniger großer Entfernung von einem „Kommandogerät“ den Winkel einer Welle mit großer Genauigkeit und Schnelligkeit zu verstellen (Geschütze, Radargeräte usw.). Die Betätigung des Kommandogerätes bewirkt die Verstellung des Sollwertes eines Reglers. Ähnliche Aufgaben finden sich aber auch auf industriellem Gebiet (Nachlaufregelungen). Oft liegen extreme Geschwindigkeitsforderungen vor, die auch minimale Regelabweichungen während der Sollwertverstellung vorschreiben können. Während bei Servomechanismen hohe Regelgeschwindigkeiten gefordert sein können, ist häufig in der Verfahrenstechnik bei kontinuierlichen Prozessen eine langsame Regelung notwendig. weil eine möglichst gleichmäßige Strömungsgeschwindigkeit des Prozesses erwünscht ist. Hier ist dann auch die Verwendung einfacherer Regler Brauch.

Bei *servomechanisms*, bei denen der Sollwert ständig verstellt wird, ist es vielfach üblich, diesen (bzw. die Ausgangsgröße der Sollwerteinrichtung) als Eingang des ganzen Regelkreises aufzufassen (input quantity). Dann ist die Regelgröße die Ausgangsgröße des Regelkreises (output quantity). Der Befehl des Kommandogerätes wird eingeführt, die Regelgröße ist die Ausführung des Befehls, dem durch das Wirken des Regelkreises mit hoher Genauigkeit entsprochen wird. Im Zusammenhang mit dieser Vorstellung wird der Verbindungsweg von der Regelgröße zum Eingang des Reglers auch als Rückkopplung der Regelgröße bezeichnet — amerikanisch: primary feedback; britisch: monitoring feedback, um in mehrmaschigen Systemen gegen andere Rückkopplungen bzw. Rückführungen (feedback schlechthin) abzugrenzen —.

§ 3. Proportionalglieder ohne Verzögerung

a) Beispiel einer Gasdruckregelstrecke

Als Beispiel einer verzögerungsfreien Regelstrecke wählen wir Verhältnisse, die etwa einer einfachen Kleinanlage aus dem Gasfach entsprechen. Hier wie auch in späteren Beispielen nehmen wir Vereinfachungen vor, um zu Gunsten einer übersichtlichen Theorie die Grundgesetze leichter zu übersehen. Es stehe also die spezielle Ausführung der einzelnen Teile

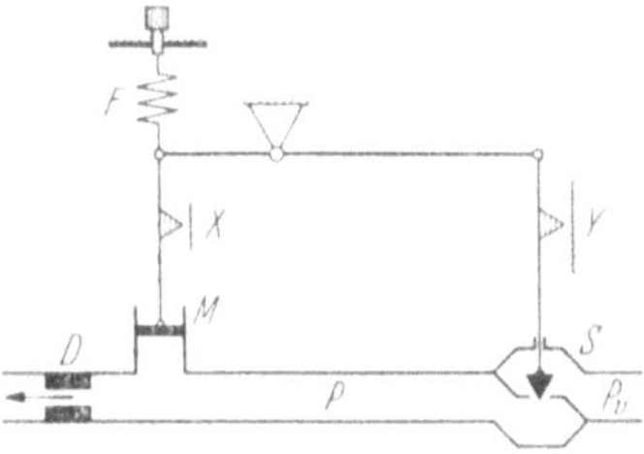

Bild 4. Regelung einer Gasheizung

weniger im Vordergrund. *Bild 4* zeigt ein Gasrohrstück, das ein Teil einer Zuleitung zu einem Gasbadeofen sein möge. Für diesen ist nur ein einziger Betriebsfall gegeben, nämlich der, daß der Ofen angestellt ist und geheizt wird. Der hierfür notwendige Sollwert entspricht dem Gasdruck P, für den er gebaut ist, d. h. für den eine wirtschaftliche Beheizung ohne Überbeanspruchung des Materials sichergestellt ist, und der daher durch Regelung konstant gehalten werden soll. Der Gasvordruck P_v treibt einen Gasstrom durch das Ventil S und das kurze Rohrstück zwischen Ventil und einer Drosselstelle D, die den Austrittswiderstand in räumlich konzentrierter Form darstellen möge. Wir denken uns die obere Hebelverbindung zwischen X und Y zunächst abmontiert. Mittels des Kolbens M und der Feder F wird der im Raum zwischen S und D herrschende Druck P gemessen: der Kolben gibt bei steigendem Druck entsprechend der Federkonstanten nach. Die vom Kolben hierbei zurückgelegte Weglänge ist ein Maß für die Druckänderung. Das Zusammenwirken des Ventilwiderstandes und des festen Widerstandes der Drosselstelle D bestimmt den Druck P. Das Rohrstück sei so kurz, daß sein Rauminhalt wie auch seine inneren Widerstände vernachlässigt werden können und idealisierte verzögerungsfreie Verhältnisse vorliegen. Unser Beispiel drängt den Vergleich mit einer „Strecke" auf, die von S bis D reicht.

Wenn sich am Eingang der Regelstrecke der Druck sprunghaft ändert[1]), so ist es ganz offensichtlich, daß sich der Druck am Meßgerät, am Ausgang der Regelstrecke, unmittelbar ändert. Die am Eingang auftretende Druckänderung kann sowohl von einer Änderung des Vordruckes als auch von einer Änderung der Stellung des Ventils, der Stellgröße, herrühren. Gehen wir von einem Bezugswert P_{v0} des Vordruckes und einem Bezugswert Y_0 der Stellgröße aus, durch den sich bei P_{v0} die Bezugsregelgröße X_0 ergibt, so erfolgt bei einer Vordruckänderung $z = P_{v1} - P_{v0}$, die als Störgrößenänderung $Z_1 - Z_0$ aufzufassen ist, und einer gleichzeitigen Stellgrößenänderung $y = Y_1 - Y_0$ eine unverzügliche Regelgrößenänderung $x = X_1 - X_0$:

$$x = V_S\,(y + z)\,, \tag{3.1}$$

[1]) Um einen kleinen Betrag zur Gewinnung linearer Verhältnisse (gemäß S. 15).

worin der Proportionalitätsfaktor V_S — daher *Proportionalglied* — auch die in anderen Regelstrecken gegebene Verstärkung bzw. Schwächung berücksichtigt (s. auch § 19).

b) Die Hintereinanderschaltung von Proportionalgliedern ohne Verzögerung

Wir überlegen den Fall der Hintereinanderschaltung mehrerer gleichartiger rückwirkungsfreier Regelstreckenglieder. Nur für das erste Glied möge eine von außen eintretende Störgröße Z vorliegen. Die Ausgangsgrößenänderung des ersten Gliedes, die wir mit y_{1a} bezeichnen, ist gleichzeitig die Eingangsgrößenänderung y_{2e} des zweiten Gliedes usw. Wir erhalten:

$$y_{1a} = v_1 (y + z) \; ; \quad y_{2a} = v_2 \, y_{2e} \; ; \quad \ldots ; \; x = v_n \, y_{ne} \, ,$$

wobei die Ausgangsgrößenänderung des letzten n-ten Gliedes gleich der Regelgrößenänderung x ist. Mit $y_{2e} \equiv y_{1a}$ usw. erhalten wir die Beziehung:

$$x = v_1 \cdot v_2 \ldots v_n \cdot (y + z) = V_S (y + z) \, , \qquad (3.2)$$

mit dem Verstärkungsfaktor V_S der gesamten Regelstrecke.

c) Sollwert, Regelabweichung, Führungsgröße

Wir verweisen hier insbesondere auf die Benennungen und Begriffe des Deutschen Normenausschusses (DIN 19226):

Der *Istwert* X ist der im Zeitaugenblick auftretende Wert der Regelgröße, der durch Messung festgestellt werden kann.

Der *Aufgabenwert* ist der Wert der Regelgröße, der durch die Aufgabenstellung vorgeschrieben ist.

Als *Sollwert* X_K wird der Wert der Regelgröße angesehen, der auf der Skala des Sollwerteinstellers eingestellt ist (die natürlich im Einklang mit dem Regelvorhaben entworfen wird). Um bei einer P-Abweichung gemäß (4.3) für den Beharrungszustand den *Aufgabenwert* zu erhalten, kann ein um die P-Abweichung abweichender Sollwert eingestellt werden. Ferner kann bei der Einstellung auch eine etwaige Eichungenauigkeit berücksichtigt werden.

Die *Regelabweichung* x_w ist die Abweichung $X - X_K$ des Istwertes vom Sollwert. *Bleibende* Regelabweichungen sind die im Beharrungszustand vorhandenen Abweichungen. *Vorübergehende* (dynamische) Regelabweichungen sind die während des Ablaufs eines Regelvorganges vorübergehend auftretenden Abweichungen, deren maximaler Wert als *Überschwingweite* x_m bezeichnet wird.

Die Regelabweichung wird oft, aber nicht immer durch Vergleich mit einer konstanten Größe gebildet, z. B. einer Batteriespannung. Wesentlich ist, daß der Wert der Regelabweichung stets eindeutig ist und nicht anderweitig beeinflußt wird. In dem mechanischen Beispiel von Bild 4 ist die Regelgröße gegen eine Federkraft geschaltet, die infolge des Proportionalverhaltens der Anordnung je nach der Größe der ungeregelten Abweichung veränderlich ist. Hier sind die Lage des oberen Endpunktes der Feder und die Federkonstante die Größen, deren Konstanz eindeutige Verhältnisse schaffen. Der Pfeil in Bild 2, der die Führungsgröße W darstellt, zeigt diese Eindeutigkeit symbolisch an. Es ist nicht gesagt, daß sie durch einen Vergleichswert von der gleichen physikalischen Größe wie die Regelgröße hervorgerufen wird.

Der *Bezugswert* X_0 ist der Wert der Regelgröße, auf den bei Verwendung von bezogenen Größen bezogen wird, z. B. X/X_0, x_w/X_0 usw. Die *Abweichung* vom Bezugswert ist $x = X - X_0$. Bei Festwertregelungen wird vielfach der festliegende Sollwert X_K als Bezugswert gewählt, so daß dann $x = x_w$ ist und einfacher x geschrieben werden kann.

Ein *Sollwertbereich* liegt vor, wenn der Sollwerteinsteller für einen vorgeschriebenen Regelbereich eine willkürliche Einstellbarkeit des Sollwertes gestattet. In Anlehnung an obiges Beispiel könnte z. B. für einen Backofen der

Hausfrau die Notwendigkeit vorliegen, den Sollwert bis zum halben Gasdruck herunterzusetzen.

Die *Führungsgröße* W ist die Größe, die von außen eingreifend den augenblicklichen Wert des Sollwertes bestimmt, und wird durch die Regelung nicht beeinflußt. Beispielsweise ist bei Nachlaufregelungen die Drehzahl einer Welle die Führungsgröße, die den Sollwert einer anderen nachlaufenden Welle bestimmt und ändert, so daß die Drehzahl letzterer ständig mit der der führenden Welle übereinstimmt oder zu ihr in einem vorgeschriebenen Verhältnis steht. Da im übrigen fast immer eine Sollwertverstellung (zumindest in kleinen Grenzen) verlangt bzw. notwendig ist, ist der Begriff der Führungsgröße von allgemeiner Bedeutung.

Die *Führungsgrößenverstellung* w ist die Verstellung $W - W_0$ gegenüber einer Bezugsführungsgröße W_0.

Um einfache Verhältnisse zu schaffen, werden wir in unseren Ausführungen im allgemeinen annehmen, daß sich in *dem* Beharrungszustand, *der der Ausgang einer Betrachtung ist,* Sollwert X_K, Bezugswert X_0 (bei Bezugsführungsgröße W_0) und der zu diesem Zustande gehörige Beharrungsistwert decken. Dann tritt bei einer Störgrößenänderung z oder einer Sollwert- (bzw. Führungsgrößen-) verstellung w die Regelabweichung x als Folge auf, die von uns zu untersuchen ist.

d) Die Störgröße

Störgrößen sind alle Einflußgrößen, die durch ihre Änderungen einen bestehenden Beharrungszustand des Regelkreises stören, wobei aber eine Rückbeeinflussung der Störgröße durch den entstehenden Regelvorgang nicht stattfindet. Das für die Regeltechnik Wichtige ist nicht die Störgröße Z selbst, sondern ihre Änderung z — die „Störgrößenänderung“, wozu man auch kürzer „Störung“ sagt —, die den Anlaß gibt, daß die Regelanlage von einem Beharrungszustand auf einen anderen übergeht[1]). Auch der Energiestrom, der Ver-

[1]) Bei Verwendung von bezogenen Größen wird auf den maximal auftretenden Störgrößenbereich Z_h bezogen, z. B. Z/Z_h, z/Z_h, wobei man auch vom *Störgrad* spricht.

brauchergeräten zugeführt wird und der Zweck der Anlage ist, ist im Sinne der Regeltechnik eine „Störgröße". Seine Änderung, etwa durch Abschalten eines der von der Regelgröße belieferten Geräte, stört das Gleichgewicht des bisherigen Beharrungszustandes und leitet eine Regelung ein, die zur Konstanthaltung der Regelgröße notwendig ist. Bei Regelstrecken, die aus mehreren Gliedern bestehen, unterliegen die Störgrößen den Verstärkungsfaktoren der Glieder, die zwischen der Eintrittsstelle und dem Ort der Regelgröße liegen. Dann besteht beispielsweise die wohl ohne weiteres verständliche Beziehung:

$$x = v_1 v_2 (y + z_I) + v_2 z_{II} . \qquad (3.3)$$

§ 4. Der mittels *P*-Regler geschlossene Regelkreis

a) Der *P*-Regler

Bild 4 enthält in seinem oberen Teil einen P-Regler ohne Hilfskraft. Bei abgeschalteter Regelstrecke können wir auf den Meßkolben M von Hand oder von einer fremden Druckquelle einen mehr oder weniger starken Druck wirken lassen. Bei Vernachlässigung von Massen und Reibungskräften bewegt sich dann der Kolben verzögerungsfrei gegen den Druck der Feder und nimmt eine Lage ein, in der Kolbendruck und Federdruck im Gleichgewicht sind. Es wird die Regelgröße mit dem Federdruck als Vergleichswert verglichen, der den Sollwert bestimmt (s. hierzu S. 26 Absatz 2 und 3). Gleichzeitig wird mit Hilfe der Hebelübertragung das Ventil verstellt, um so erheblicher, je weiter der Drehpunkt des Hebels nach links gerückt ist. Das Verhältnis der Hebelarme bestimmt den *Verstärkungsfaktor* V_P, der in der Übersetzung der Meßkolbenverstellung in die Ventilverstellung wirksam ist, wobei wir zunächst nur die Verstellungen in mm betrachten und hierauf in Ziff. d zurückkommen werden. Die Proportionalität zwischen Kolben- und Ventilweg hat dem „proportionalwirkenden Regler", *dem P-Regler*, seinen Namen gegeben. Zwischen Regelgrößenänderung x und Stellgrößenänderung y besteht unter Beachtung der *Vorzeichenumkehr* die Beziehung:

$$y = - V_P x . \qquad (4.1)$$

Das negative Vorzeichen, die Vorzeichenumkehr, berücksichtigt, daß infolge der Konstruktion des Reglers (oder in anderen Fällen als Folge einer vorgenommenen Schaltung) die Stellgrößenänderung sich in der Regelstrecke korrigierend auf die Regelgrößenänderung auswirkt und damit dem „Regelsinn“ entspricht, daß z. B. bei einer Erhöhung der Regelgröße eine Verkleinerung der Stellgröße erfolgt, die im Sinne einer Verkleinerung der Regelgröße wirkt. Diese Wirkung ist um so größer, je größer der Verstärkungsfaktor V_P ist. Gemäß (1) ist jedem Wert der Regelabweichung ein bestimmter Wert der Stellgröße zugeordnet. Auch eine Sollwertverstellung w, z. B. mittels einer Verschiebung des oberen Befestigungspunktes der Feder F oder durch Einsetzen einer Feder anderer Härte, hat eine Verstellung der Stellgröße zur Folge. Eine Erhöhung der Regelgröße um x bewirkt eine Schließbewegung des Ventils, eine Verstellung des Sollwerts um w auf einen höheren Wert eine Öffnungsbewegung des Ventils. Bei Gleichzeitigkeit beider Ursachen findet eine Stellgrößenänderung y statt, die proportional der Differenz $(x - w)$ ist. Wir haben anstatt (.1) anzuschreiben:

$$y = - V_P (x - w) . \tag{4.2}$$

Anstelle des Verstärkungsfaktors V_P, der auch *Übertragungsfaktor* genannt wird[1]), wird vielfach der *Proportionalbereich* (*P-Bereich*) X_P[2]) benutzt. Er ist der Bereich der Regelgröße, der beim P-Regler eine Verstellung der Stellgröße um den ganzen *Stellbereich* Y_h bewirkt. Bei linearem Verlauf der Kennlinie ist dann der *Verstärkungsfaktor*:

$$V_P = \frac{Y_h}{X_P} . \tag{4.2a}$$

Werden hierbei bezogene Größen verwandt, indem auf den Stellbereich Y_h und den Sollwert X_K bezogen wird, ist x_P der bezogene P-Bereich, und man erhält den dimensionslosen Verstärkungsfaktor (die *Empfindlichkeit des Reglers*):

$$V_P = 1/x_P . \tag{4.2b}$$

---

[1]) Wie man auch entsprechend vom Übertragungsfaktor V_S der Regelstrecke spricht.

[2]) Früher *Ungleichförmigkeit* und Ungleichförmigkeitsgrad.

Bemerkung: Es ist zu beachten, daß der hier als Beispiel behandelte P-Regler ein idealer P-Regler ohne Hilfskraft ist. Ein aus einem integral-wirkenden Verstärker mit starrer Rückführung entstandener P-Regler, der mitunter auch schlechthin als „P-Regler" bezeichnet wird, s. die Beispiele gemäß (5.7) und (13.3), ist infolge der Stellzeit des Stellmotors, der ein Bauelement mit integral-wirkenden Eigenschaften ist, ein „mit Verzögerung behafteter P-Regler". Er bewirkt z. B. beim Arbeiten auf eine Regelstrecke mit Verzögerung 1. Ordnung auf Grund seiner endlichen Stellgeschwindigkeit Schwingungsneigung. Die Dämpfung wird jedoch mit Erhöhung der Stellgeschwindigkeit besser, während sie bei einem I-Regler mit Erhöhung der Stellgeschwindigkeit schlechter wird, s. (6.12). Ferner s. (15.18a und b).

b) Die Regelwirkung des geschlossenen Regelkreises

Das Zusammenwirken von Regelstrecke und Regler ist aus der Verknüpfung ihrer beiden Gleichungen (3.1) und (4.2) zu entnehmen, indem wir aus ihnen y eliminieren:

$$x = \frac{V_S\, z + V_S\, V_P\, w}{1 + V_S\, V_P}\,. \tag{4.3}$$

Bei Störgrößenänderung z (in unserem Beispiel Änderung des Gasvordrucks) allein ergibt sich:

$$x = \frac{1}{1 + V_S\, V_P}\, V_S\, z \tag{4.3a}$$

und bei *Sollwert-* bzw. *Führungsgrößenverstellung* w allein:

$$x = \frac{1}{1 + 1/(V_S\, V_P)} \cdot w\,. \tag{4.3b}$$

Eine *Störgrößenänderung* z bewirkt *ohne Regler* gemäß (3.1) eine Änderung der Regelgröße $x = V_S\, z$, dagegen *mit Regler* eine Regelabweichung x, die entsprechend dem Bruch in (.3a) kleiner ist. Diese bleibende Regelabweichung x heißt *P-Abweichung*, früher *Statik* genannt. Die Definition gilt in Verbindung mit einem fehlerfrei gedachten P-Regler. Bei dauernd schwankenden Störgrößen ergeben sich dauernd schwankende P-Abweichungen, deren Größe entsprechend den Werten der

Störgrößenänderung zu- bzw. abnimmt, so daß die Regelgröße sich in den Grenzen dieser Abweichungen dauernd bewegt. Der Bruch in (.3a) wird als

$$\textit{Regelfaktor}\ R = \frac{1}{1+V} \tag{4.4}$$

mit $V = V_S\, V_P =$ Kreis- oder Rundumverstärkung des Regelkreises (s. hierzu Fußnote[1]) S. 117) bezeichnet. Je größer V wird (z. B. bei (meist) gegebenem V_S durch Vergrößerung des Verstärkungsfaktors V_P des Reglers, d. h. durch Verkleinerung seines Proportionalbereiches $X_P = Y_h/V_P$), desto kleiner wird die P-Abweichung, desto genauer wird die Regelgröße konstant gehalten. Für $V = \infty$ müßte die Konstanz der Regelgröße ideal gut werden. Es sind jedoch leider technische Grenzen gesetzt. In unserem Beispiel ist ab einer bestimmten Größe von V_P die Massenwirkung der mechanischen Teile nicht mehr vernachlässigbar. Reibungskräfte, die nichtlineare Verhältnisse zur Folge haben, werden von Bedeutung. Ein „Flattern" des Reglers kann einsetzen. Anderseits ergibt ein zu kleiner Kolbenweg ein ungenügendes Arbeitsvermögen zur Verstellung des Stellgliedes. Aus Stabilitätsgründen — in Auswirkung von Energiespeichern usw., wovon noch eingehend zu sprechen sein wird — darf die Kreisverstärkung einen mehr oder weniger hohen Betrag nicht überschreiten. Evtl. muß der Verstärkungsfaktor eines geeigneten Regelkreisgliedes verringert oder gar ein Glied mit einem Schwächungsfaktor hinzugefügt werden. Vergleiche hierzu den Schluß von § 16.

Bemerkung: Leistungsverstärker, beispielsweise zur Verstärkung der kleinen Ausgangsleistung eines Reglers auf die hohe Leistung eines großen Stellmotors, können hohe *Leistungs*verstärkungsziffern zeigen, während sie zur Kreisverstärkung V im Sinne von (.4) nichts oder nur wenig beizutragen brauchen. So kann ein elektrischer Leistungsverstärker eine Eingangsspannung haben, die gleich der Ausgangsspannung ist (entsprechend einem Spannungs-Verstärkungsfaktor 1), trotz sehr hoher Leistungsverstärkungsziffer. Man darf sich also durch die oft außerordentlich hohen Leistungsverstärkungsziffern nicht täuschen lassen. Man denke beispielsweise an die hohe Leistungsverstärkung von 10^{14} beim Schrittregler.

Als Zahlenbeispiel überlegen wir die Auswirkung einer Störgrößenänderung von $z = 10\%$. Der Regler soll zwar eine Stellgrößenänderung entsprechender Größe einstellen, damit sich beide Wirkungen möglichst aufheben, schafft es aber nicht ganz. Bei $V_S = 1$ und $V_P = 9$ stellt sich eine bleibende Regelabweichung von $x = \frac{1}{1+9} \cdot 10\% = 1\%$ ein. Die Auswirkung der Störgrößenänderung ist entsprechend dem Regelfaktor auf $^1/_{10}$ reduziert worden, *die Regelgröße selbst zeigt aber nur eine Abweichung von* $^1/_{100}$.

Im allgemeinen Fall können Änderungen mehrerer Störgrößen vorliegen, deren Summenwirkung die Größe der Regelabweichung bestimmt. Beim P-Regler ist die bleibende Regelabweichung notwendig, um dem Stellglied bleibend die notwendige Verstellung zu geben, d. h. um in unserem Beispiel den Hebel die notwendige Lage entgegen der Federkraft einnehmen zu lassen. Wenn die Spanne zwischen höchsten und niedrigsten Werten der Störgrößen einen kleinen Wert hat, z.B. auch die Störgröße „Last“ infolge eines für längere Zeit festliegenden Lastfalles nur kleinen Schwankungen unterworfen ist, werden die Schwankungen der P-Abweichung entsprechend gering, so daß hier reine P-Regelungen befriedigende Resultate zeigen. *Bild 5* zeigt den Verlauf der Regelgröße x und der Stellgröße y infolge der Störgrößenänderung z im Zeitmoment $t = t_0$.

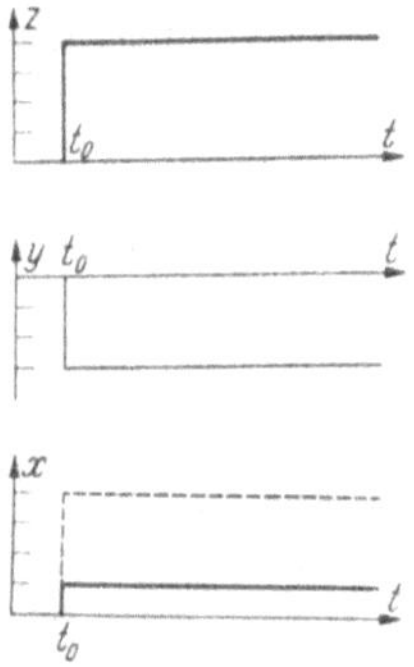

Bild 5. Regelvorgang einer verzögerungsfreien Regelstrecke mit einem P-Regler

Bei *Sollwertverstellung* w soll die Regelabweichung x (gegenüber der Bezugsgröße X_0!) möglichst den Wert w erreichen, d. h. der Bruch in (.3b) den Wert 1 annehmen. Der Fehler gegenüber der Sollwertverstellung ist $w - x$, mit (.3b) und (.4) gleich wR. Der Regelfaktor R bestimmt auch den bei Sollwertverstellung auftretenden Fehler.

Schließlich ist auf die *Frage der Regelbarkeit* einer zu regelnden Anlage hinzuweisen. In unserem Beispiel verliert das Regelsystem von einem Mindestwert des Verbrauchergasstromes ab seine Regelfähigkeit. Man betrachte als Grenzfall z. B. den Leerlauf: Gasstrom $g_a = 0$. Bei Übergang von Last auf Leerlauf kann zwar der Regler zur Haltung des Sollwertes das Ventil ganz schließen (gegen den wesentlich höheren Vordruck P_v). Jedoch ist bei darauf folgendem Steigen der Regelgröße (z. B. infolge Erwärmung, deren Wirkung bei Berücksichtigung der Speicherfähigkeit (*Bild 7*) erst verständlich wird) der Regler außerstande, dem entgegenzuwirken, es sei denn, daß das Ventil einen Weg ins Freie öffnen kann.

Unser Beispiel betraf eine *Zuflußregelung*, weil das Stellglied zwischen Meßort und Zufluß liegt. Auch die *Abflußregelung*, bei der das Stellglied zwischen Meßort und Abfluß, anderseits die feste Drosselstelle D zwischen Vordruckrohr und Meßort liegen (also umgekehrt zu *Bild 4*), ist eine echte Regelung mit geschlossenem Wirkungskreis. Die Wirkungsrichtung ist hier in der Regelstrecke entgegengesetzt der Strömungsrichtung des Mediums, dessen eine physikalische Größe die Regelgröße ist. Das Stellglied am Abfluß bedeutet einen veränderlichen Abflußwiderstand. Eine derartige Einrichtung arbeite z. B. mit Luft, um den am Meßort konstant gehaltenen Luftdruck auf eine hier angeschlossene Anordnung einwirken zu lassen.

Früher (teilweise auch heute noch) wurde die selbsttätige Regelung auch als *Rückwärtsregelung* bezeichnet, weil man den Aufbau der Zuflußregelung im Auge hatte, bei dem die abgegriffene Größe, die Regelgröße, nach rückwärts zum Stellglied hin zur Wirkung gebracht wird. Gleichzeitig nannte man den offenen Steuerkreis, bei dem die abgegriffene Größe auf die in Richtung zum Verbraucher hin (nach vorn) liegende Steuereinrichtung wirkt (jedoch ohne Rückbeeinflussung der abgegriffenen Größe), auch *Vorwärtsregelung*. Wir sehen an der Abflußregelung, daß auch bei ihr eine Wirkung der abgegriffenen Größe nach vorn stattfindet, wobei sie jedoch infolge der festen Drosselstelle D eine Rückwirkung erfährt.

c) Ein elektrisches Beispiel

Bild 6 zeigt eine idealisierte Spannungsregelung eines leerlaufenden Generators G, wobei alle Trägheiten vernachlässigt

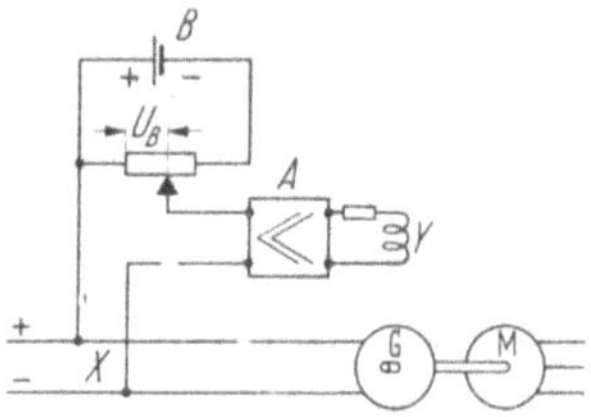

Bild 6. Elektrisches Beispiel

sein mögen. Zunächst ist der Generator unerregt, weil die Vergleichsspannung U_B auf Null eingestellt sei. Verstellen wir die Führungsgröße von $W_0 = 0$ auf $W = U_B$, so stellt sich eine Ankerspannung X gemäß (.3b) ein:

$$x = X - X_0 = \frac{V_1 V_2}{1 + V_1 V_2} w = \frac{V_1 V_2}{1 + V_1 V_2} (W - W_0) . \quad (4.5)$$

Mit den Werten des unerregten Generators als Bezugszustand, $X_0 = 0$ und $W_0 = 0$, ergibt sich bei $V_1 = 10$ (des Verstärkers A) und $V_2 = 2$ (= Ankerspannung : Erregerspannung, ungesättigt) für eine Sollspannung $X = X_K = 100$ V eine *Führungsgröße* $W = 105$ V $= U_B$. Sie hat einen um 5 V höheren Wert als der Sollwert. Die Differenz ist notwendig, um den Generator zu erregen, und müßte bei Öffnung des Regelkreises zur Erzielung eines ungeregelten Betriebes auf andere Weise zugeführt werden. — Bei Überbrückung des Verstärkers wird $V_1 = 1$ und der Regelfaktor (.4) gleich $^1/_3$: es ergibt sich eine schlechte Regelung, aber doch eine Regelung, mit einer Führungsgröße von $W = 200$ $V = U_B$. Von einem Bauteil, der als Regler anzusprechen wäre, ist nichts mehr zu sehen.

d) Die Kenngrößen

Vielfach werden Ausgang und Eingang eines Regelkreisgliedes in verschiedenen Dimensionen angegeben. Damit erhält man als Verstärkungsfaktor einen *dimensionsbehafteten* Wert, z. B. bei Betrachtung der Verstellung eines Gasventils um einige mm und der Druckänderung am Meßort um x atü einen Verstärkungsfaktor mit der Dimension atü/mm, dem man seine zahlenmäßige Verstärkungswirkung schwerer ansehen kann. Der Verstärkungsfaktor des Reglers hat dann entsprechend die D mension mm/atü. Die Dimensionen heben sich in der Produktbildung V_S V_P auf, so daß erst mit dem Produkt die zahlenmäßige Verstärkungswirkung im Regelkreis greifbar vorliegt. In elektrischen Schaltungen kann man die Betrachtung entweder auf Spannungen oder auf Ströme abstellen. Damit erhält man für jedes Glied dimensionslose Verstärkungsfaktoren, die die Beurteilung ihres Beitrages am Gesamtverstärkungsfaktor erleichtern. Ferner siehe das zu Bild 8 gesagte.

§ 5. Proportionalglieder mit Verzögerung

a) Die Speicherfähigkeit von Regelstrecken

In *Bild 7* ist der Gasrohrstrecke zwischen Ventil und Drosselstelle ein Behälter K hinzugefügt, um eine Speicherfähigkeit an-

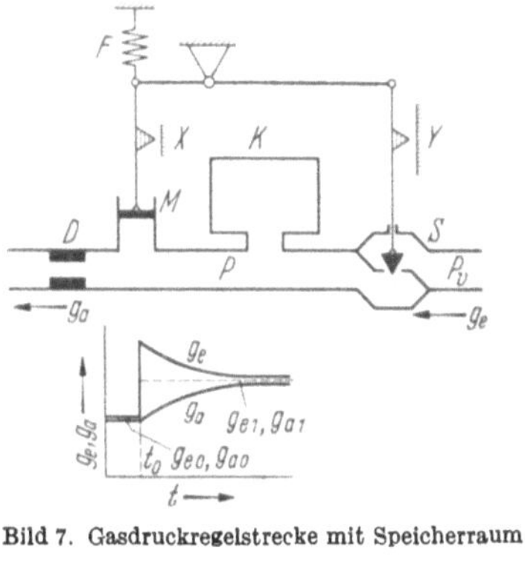

Bild 7. Gasdruckregelstrecke mit Speicherraum

zudeuten. Wir betrachten die Verhältnisse zunächst wieder ohne Regelung. Bei sprunghafter Änderung des Vordruckes steigt der Druck an der Meßstelle nicht mehr sprunghaft an. Zwar setzt auch jetzt sofort eine Druckänderung ein, jedoch nur allmählich ansteigend, bis schließlich ein Endwert erreicht wird. Der Grund hierfür liegt in der Kompressibilität des Gases. In dem Behälterraum wird zusätzlich Materie aufgespeichert. Das Gleichgewicht der Drücke beendet die Auffüllung. Der Speicherraum braucht kein besonderer Behälter zu sein; auch mehr oder weniger lange bzw. verzweigte Rohrsysteme, die zwischen Ventil und Drosselstelle liegen, haben Speicherfähigkeit. Bei einer Flüssigkeit ist die Speicherfähigkeit wegen der geringen Kompressibilität (rd. $5 \cdot 10^{-5}$/atü für Wasser) vernachlässigbar, es sei denn, daß die Wände nachgebend sind.

Der zeitliche Verlauf der Druckänderungen wird durch eine e-Funktion beschrieben (s. § 19 und Bild 73). In Bild 7 ist unten der zeitliche Verlauf von Gaszustrom g_e und Gasabfluß g_a bei einer Erhöhung des Gasvordruckes dargestellt. Im Zeitmoment t_0, bis zu dem der Beharrungszustand mit $g_{e0} = g_{a0}$ besteht und in dem der Vordruck erhöht werde, ist über dem Ventilwiderstand die gesamte Druckerhöhung sofort wirksam, während am Abfluß noch das alte Druckgefälle gegeben ist. Der Gasabfluß g_a behält zunächst den alten Wert, während sich der Gaszustrom g_e sprunghaft erhöht. g_e beginnt sofort wieder zu sinken, während g_a steigt, bis sich nach einiger Zeit die neuen Beharrungswerte $g_{e1} = g_{a1}$ eingestellt haben.

Das zeitliche Verhalten des Proportionalgliedes mit Verzögerung als Regelstrecke wird durch folgende Differentialgleichung beschrieben (vergl. (19.16)):

$$T_a \dot{x} + q\, x = y + z \qquad (5.1\text{a})$$

oder

$$T_S \dot{x} + x = V_S (y + z) \qquad (5.1\text{b})$$

$$\left.\begin{array}{l} \text{mit } T_S = T_a/q \\ \quad V_S = 1/q \\ \quad T_a \text{ gemäß Definition zu (6.4a).} \end{array}\right\} \qquad (5.1\text{c})$$

V_S ist wieder der Verstärkungsfaktor (Übertragungsfaktor) der Regelstrecke und sein Kehrwert q der sogenannte *Ausgleichswert*. Das Wort „Ausgleich" ist mit dem Begriff verbunden, daß die Regelgröße bei Änderung der Stellgröße oder der Störgröße auch im ungeregelten Fall wieder zu einem Ausgleich kommt, asymptotisch in einen Wert einläuft, in dem wieder Gleichgewicht besteht, wie dies bei der Übergangsfunktion mit exponentiellem Verhalten (Bild 73) der Fall ist. Der Ausgleichswert wird als bezogene Größe *Ausgleichsgrad* genannt, dessen Wert durch Multiplikation mit X_0/Y_h bzw. X_K/Y_h entsteht (hierin Y_h = *Stellhub*), und oft ebenfalls mit q bezeichnet[1]).

In *Bild 8* ist für Vollast und Halblast eines Beispiels[2]) die Abhängigkeit der Regelgröße von der Ventilstellung gezeigt. Als Abszisse ist der *Stellgrad*[3]) Y/Y_h aufgetragen. Bei kleinerer Last wird eine bestimmte Regelgröße X_0 bei einer kleineren Ventilöffnung erreicht. Der Ausgleichswert bzw. -grad q ist die Neigung der Tangente gegen die Ordinate im jeweiligen Punkt, gibt also die notwendige Verstellung des Stellgliedes zur Erzielung einer bestimmten kleinen Änderung der Regelgröße an. Er hat in Bild 8 für X_0 bei Vollast den Wert $q \approx 1$ und besagt hiermit, daß das Stellglied um 1% verstellt werden muß, damit sich die Regelgröße um 1% ändert. Mit fallender Last wird der Ausgleichswert kleiner, sein Kehrwert, der Verstärkungsfaktor, größer (s. auch § 19). Es ist allgemein bekannt, daß Regelanlagen bei großer Last infolge des kleineren Verstärkungsfaktors weniger zur Instabilität neigen können als bei niedriger Last.

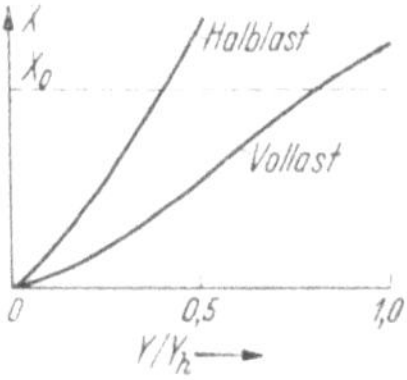

Bild 8.
X/Y-Kurven einer Regelstrecke (nach G. Wünsch)

Anordnungen mit exponentiellem Zeitverhalten liegen häufig vor. Für eine große Gruppe gilt die dynamische Grundgleichung

---

[1]) Es ist $q \frac{X_0}{Y_h} = \frac{1}{V_S} \cdot \frac{X_0}{Y_h} = \frac{(Y_2 - Y_1)/Y_h}{(X_2 - X_1)/X_0}$.

[2]) G. Wünsch, Askaniawarte Nr. 46, S. 8.

[3]) Früher auch *Lastfaktor* genannt.

der Mechanik: der Überschuß einer konstanten Kraft über eine proportional mit der Geschwindigkeit wachsende Widerstandskraft ergibt eine exponentiell ansteigende Geschwindigkeit[1]). Bei elektrodynamischen Problemen bewirken die elektrische Speicherfähigkeit einer Kapazität sowie die magnetische Speicherfähigkeit einer Induktivität analoge Erscheinungen. Auch Wärmevorgänge können im einfachsten Fall den Verhältnissen eines Einspeichersystems entsprechen. Andere Wärmeregelstrecken entsprechen komplizierteren Ersatzschaltbildern (s. § 10).

b) Proportionalglied mit Verzögerung und *P*-Regler

Wir schalten die Gasregelstrecke (mit einem Speicher wie in Bild 7, so daß ihr zeitliches Verhalten durch Gleichung (.1b) beschrieben wird) mit einem P-Regler, dessen Gleichung (4.2) ist, zusammen. Durch Elimination von y erhalten wir für den Regelvorgang die Differentialgleichung:

$$\frac{T_S}{1 + V_S V_P}\,\dot{x} + x = \frac{V_S V_P w + V_S z}{1 + V_S V_P} \tag{5.2}$$

und deren Lösung analog (19.17) bei $w = 0$, also bei Vorliegen einer Störgrößenänderung z:

$$\frac{x}{z} = \frac{V_S}{1 + V_S V_P}\left(1 - e^{-\frac{1 + V_S V_P}{T_S}t}\right), \tag{5.3}$$

sowie bei $z = 0$, d. h. bei Vorliegen einer Sollwertverstellung w:

$$\frac{x}{w} = \frac{V_S V_P}{1 + V_S V_P}\left(1 - e^{-\frac{1 + V_S V_P}{T_S}t}\right). \tag{5.4}$$

Im ersten Fall, dem Vorliegen einer *Störung* z, ist der Vergleich mit der *ungeregelten* Regelstrecke zu ziehen, d. h. mit der Lösung der Differentialgleichung (.1b), in der $y = 0$ gesetzt ist:

$$\frac{x}{z} = V_S\left(1 - e^{-t/T_S}\right). \tag{5.5}$$

[1]) Z. B. Sammlung Göschen, Bd. 827, A. Schwaiger, Elektromotorische Antriebe.

Ohne Regelung ergibt sich gemäß (.5) eine Regelgrößenänderung $x = V_S\, z$, die exponentiell nach der Zeitkonstante T_S entsteht. *Mit Regelung* hat die anfallende Regelabweichung gemäß (.3) den kleineren Wert $x = \dfrac{V_S \cdot z}{1 + V_S\, V_P}$. Sie bildet sich sehr viel schneller nach Maßgabe der kleineren Zeitkonstante $\dfrac{T_S}{1 + V_S\, V_P}$ aus. In beiden Fällen (s. *Bild 9*) hat

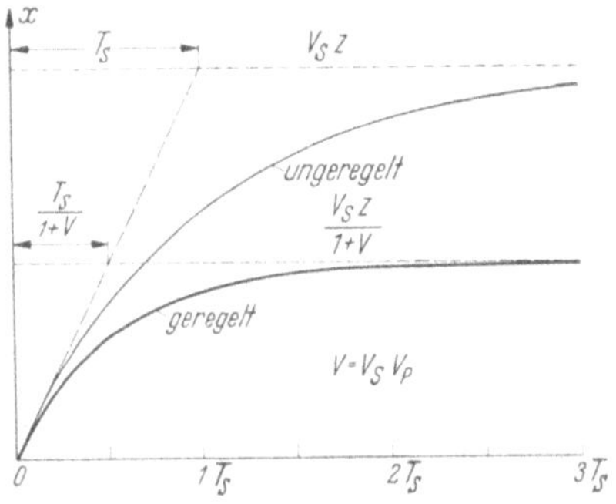

Bild 9. Regelvorgang einer Regelstrecke mit Verzögerung mittels eines P-Reglers

der Tangens des Steigungswinkels für den Moment des Anfangs, d. h. des Winkels der Tangenten im Punkt $t = 0$, den Wert $z \cdot V_S/T_S$. Im Falle der Regelung wächst demnach die Regelgrößenänderung zu Anfang genau so stark an, läuft aber entsprechend der kleineren Zeitkonstante schneller in eine niedriger liegende Asymptote ein.

Im zweiten Fall der *Sollwertverstellung* w wollen wir prüfen, wie die Regelgröße der Verstellung folgt. Der Fehler gegenüber w hat mit (.4) den Wert:

$$w - x = w \left[1 - \frac{V_S\, V_P}{1 + V_S\, V_P}\left(1 - e^{-\frac{1 + V_S\, V_P}{T_S} t}\right)\right], \tag{5.6}$$

was für den Moment der Verstellung ($t = 0$) den Wert w

ergibt, der sich exponentiell nach der Zeitkonstante $\frac{T_S}{1 + V_S V_P}$ auf den Restbetrag $\frac{1}{1 + V_S V_P} w$ erniedrigt.

Bei der Sollwertverstellung werden Sollwert und Regelgröße momentan aus der Übereinstimmung gebracht, so daß der Regler zu einem sofortigen vollen Eingreifen veranlaßt wird. Demgegenüber ist bei Anfall der oben behandelten Störung z, die im gewählten Beispiel am Eingang der Regelstrecke infolge einer sprunghaft angenommenen Änderung des Vordruckes P_v anfällt, die Regelabweichung zur Zeit $t = 0$ noch Null und der Regler spricht nur allmählich nach Maßgabe der infolge der Verzögerung in der Regelstrecke langsam auftretenden Abweichung an. Liegt jedoch eine Störung vor, indem die Regelgröße sich sprunghaft ändert, so ist auch hier die Übereinstimmung von Sollwert und Regelgröße momentan gestört. Der Regler spricht sofort wie bei der Sollwertverstellung voll an und regelt auf den konstant gebliebenen Sollwert hin. Wir hatten schon früher vermerkt, daß Sollwertänderungen für die Regelung die schärfste Bedingung bedeuten und daher oft mit Vorzug betrachtet werden.

Ein technischer Regler besitzt oft merkbare *Eigenzeitkonstanten*. Wir betrachten in *Bild 10* einen üblichen Geräteregler, einen Membrangasregler ohne Hilfskraft, unter Berücksichtigung seiner Eigenverzögerung[1]). Der Druck P wird mittels einer Membranvorrichtung gemessen, deren Auflagescheibe sich gegen eine Feder bewegt. Die Membran hat die Aufgabe, den Gasraum gegen außen abzuschließen, jedoch der aufliegenden Scheibe freie Beweglichkeit zu geben, wobei der Raum über der Membran bis auf eine kleine Atmungsöffnung verschlossen

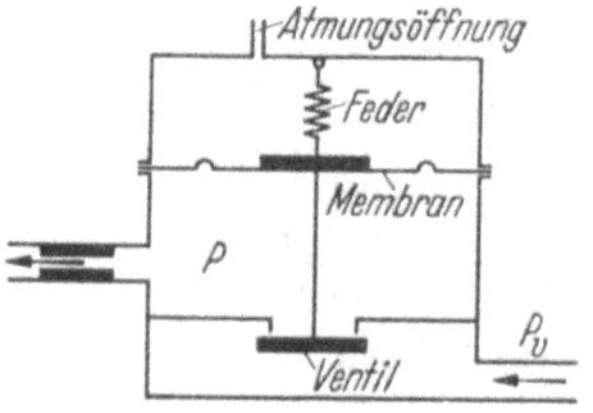

Bild 10.
P-Regler mit Verzögerung ohne Hilfskraft

[1]) J. Lorenz, GWF 1951, S. 79.

ist[1]). Da uns nur die dynamischen Verhältnisse interessieren, schreiben wir die homogene Differentialgleichung für den „P-Regler mit Verzögerung" an:

$$V_P\, T_r\, \dot{y} + y = -\, V_P\, x\,, \tag{5.7}$$

mit T_r = Anlaufzeit des Reglers analog zu (.1a), und ebenso für die Regelstrecke unter Berücksichtigung ihres Speichervolumens gemäß (.1a):

$$T_a\, \dot{x} + q\, x = y\,. \tag{5.8}$$

Nach Differenzieren von (.8) erhalten wir durch Eliminieren von y die Gleichung:

$$T_a\, T_r\, \ddot{x} + \left(T_r\, q + \frac{T_a}{V_P}\right) \dot{x} + \left(1 + \frac{q}{V_P}\right) x = 0\,. \tag{5.9}$$

Der Dämpfungsgrad ist gemäß (20.4c):

$$D = \frac{1}{2\sqrt{1 + q/V_P}} \left(q\sqrt{T_r/T_a} + \frac{1}{V_P}\sqrt{T_a/T_r}\right). \tag{5.10}$$

Da q/V_P klein ist, können wir den ersten Faktor annäherungsweise gleich $^1/_2$ setzen. Ebenso hat der zweite Summand in der Klammer wegen des meist großen Wertes von V_P geringere Bedeutung. Die Dämpfungsänderungen bei Abänderung der Konstanten können wir daher dem ersten Summanden im großen entnehmen: Die Dämpfung steigt mit wachsendem Ausgleichsgrad der Regelstrecke, mit wachsender Anlaufzeit T_r des Reglers und mit sinkender Anlaufzeit T_a der Regelstrecke. Eine lange Laufzeit des Reglers wird durch eine kleine Atmungsöffnung erzielt und eine kleine Anlaufzeit der Regelstrecke durch einen möglichst geringen Rauminhalt des Gasraumes zwischen Ventil und Abflußdrosselstelle. Dieser Fall ist bei genügend großem Ausgleichsgrad gegeben. Es liegen dann bei diesem statischen Regler und dem in § 6 behandelten astatischen Regler etwa die gleichen Verhältnisse vor. Wenn aber der Ausgleichsgrad zu klein ist — er kann bei Reglern für Anlagen, deren Abfluß auf variable Stärke

[1]) Diese Maßnahmen sind aus Sicherheitsgründen für den Fall schadhafter Membranen erforderlich. Dies ist gleichzeitig ein einfaches Beispiel für *Nebenbedingungen*, die bei Regelaufgaben oft eine wichtige Rolle spielen und erschwerende Verhältnisse bedeuten können.

verstellbar ist, bei kleiner Belastung ziemlich klein werden — oder aus Dimensionierungsgründen eine lange Membranlaufzeit gegeben ist, gewinnt der zweite Summand Bedeutung. Er wächst gegenüber dem zu niedrig gewordenen ersten Summanden mit Verkleinerung der Membranlaufzeit T_r (Erweiterung der Atmungsöffnung), mit Vergrößerung der Anlaufzeit T_a der Regelstrecke (großer Rauminhalt) und schließlich mit Verkleinerung von V_P (härtere Feder). Letzteres bedeutet jedoch eine größere P-Abweichung, macht die Regelung also ungenauer. Hier ist der mit P-Wirkung arbeitende Geräteregler gegenüber dem in § 6 behandelten integral wirkenden Regler gegebenenfalls aus Stabilitätsgründen im Vorteil.

Die Massenbeschleunigung ist nicht berücksichtigt worden. Beim Regler ohne Hilfskraft spielt sie meist eine nicht zu vernachlässigende Rolle, während beim Regler mit Hilfskraft oft praktisch masselose Verhältnisse zu erzielen sind. Im vorliegenden Beispiel jedoch hat das Membransystem nur geringe Massen. Bei Berücksichtigung der Massenbeschleunigung würde zusätzlich ein Glied mit dem zweiten Differentialquotienten auftreten. Die Zusammenschaltung mit der Regelstrecke führt zu einer Differentialgleichung 3. Ordnung: Stabilitätskriterium s. (11.4).

c) Zwei Proportionalglieder mit Verzögerung in Reihenschaltung

Wir schalten zwei rückwirkungsfreie Proportionalglieder mit Verzögerung in Reihe (man spricht auch von Verzögerung 2. Ordnung):

$$\text{Glied 1:} \quad T_1 \dot{x} + x = V_1 \xi \tag{5.11}$$

$$\text{Glied 2:} \quad T_2 \dot{\xi} + \xi = V_2 (y + z). \tag{5.12}$$

Nach Differenzieren von (.11) erhält man durch Einsetzen von ξ und $\dot{\xi}$ in (.12):

$$T_1 T_2 \ddot{x} + (T_1 + T_2) \dot{x} + x = V_S (y + z), \tag{5.13}$$

wobei $V_1 V_2 = V_S$ gesetzt ist. Die Lösung dieser Gleichung ist in § 20 entwickelt. Der Kurvenverlauf der Übergangsfunktion ist gemäß (20.6) als aperiodischer Verlauf gegeben

(s. Bild 74). Im Spezialfall $T_1 = T_2$ ergibt sich der aperiodische Grenzfall mit dem Dämpfungsmaß $D = 1$ gemäß (20.4c):

$$D = \frac{T_1 + T_2}{2\sqrt{T_1 T_2}} = 1 . \tag{5.14}$$

Die Zusammenschaltung dieser Regelstrecke mit einem P-Regler gemäß (4.2) ergibt als Gleichung des geschlossenen Regelkreises:

$$T_1 T_2 \ddot{x} + (T_1 + T_2)\dot{x} + (1 + V_S V_P)\, x = V_S V_P w + V_S z . \tag{5.15}$$

Die statische Regelabweichung ist nach langer Zeit, wenn die Differentialquotienten den Wert Null angenommen haben:

$$x = \frac{V_S V_P w + V_S z}{1 + V_S V_P} . \tag{5.16}$$

Der Dämpfungsgrad beträgt:

$$D = \frac{T_1 + T_2}{2\sqrt{T_1 T_2 (1 + V_S V_P)}} . \tag{5.17}$$

Wir sehen den *entdämpfenden Einfluß der Kreisverstärkung* $V_S V_P$, wenn wir mit (.14) vergleichen. Der Dämpfungsgrad D kann kleiner als 1 werden. Die maximale vorübergehende (dynamische) Regelabweichung ist die Überschwingweite x_m. Die Schaltung mit Regler im geschlossenen Regelkreis ist eine *rückwirkungsbehaftete Anordnung* gegenüber der Regelstrecke ohne Regler.

§ 6. *I*-Regler und integrale Regelstrecken

a) Der *I*-Regler

Bild 11 zeigt ein Beispiel eines I-Reglers (integral wirkenden Reglers) mit hydraulischer Hilfskraft und einer Druckmeßdose als Fühler zur Feststellung der Abweichung x der Regelgröße. Die Bewegung der Membran des Fühlers wird über ein Gestänge zu einem Zweikolben-Steuerschieber *St* (dem Kraftschalter für die ölhydraulische Hilfskraft) übertragen, der entsprechend dem Membranweg aus der neutralen Lage herausgelenkt wird, in der er die beiden zum Stellmotor M führenden Rohre verschließt.[1]) Wenn wir annehmen, daß der

[1]) In älterer Bezeichnungsart wird der Stellmotor auch *Servomotor* genannt.

Schieber nach oben ausgelenkt wird, fließt unter Druck stehendes Öl durch das obere Rohr vom Ölzufluß in den oberen Raum des Stellmotors und drückt den Motorkolben, der das Stellglied verstellt, nach unten. Der untere Kolben des Steuerschiebers öffnet das untere Rohr, so daß aus dem unteren Raum des Stellmotors Öl abfließen kann. Im Bild sind die Kolben des Steuerschiebers sowie die Rohre zum Stellmotor mit großen Maßen gezeichnet, um zu verdeutlichen, daß eine Wirkung eintritt, die *proportional dem Ausschlag* des Steuerschiebers ist. Hierdurch ist *die Geschwindigkeit des Kolbens des Stellmotors proportional der Regelabweichung* (innerhalb bestimmter Grenzen).

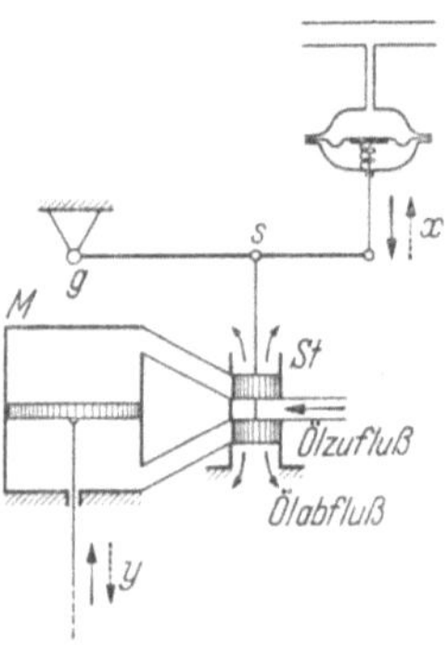

Bild 11. *I*-Regler mit hydraulischer Hilfskraft

Bild 12 zeigt die Übergangsfunktion des *I*-Reglers. Bei der sprunghaften Regelabweichung x_1, die in Bild 12a ausgezogen gezeichnet ist, verstellt der Regler die Stellgröße y in einem Zeitverhalten gemäß der ansteigenden ausgezogen gezeichneten Linie in Bild 12b. Im Zeitmoment t_0 *beginnt* der Stellmotor zu verstellen. Die Verstellung des Stellgliedes erfolgt zwar momentan, jedoch nur träge, indem der Regler im Gegensatz zum *P*-Regler erst im Laufe der Zeit das Stellglied verstellt. Die gestrichelten Linien in *Bild 12a* und *b* geben das Verhalten bei doppelt großem Sprung der Regelgröße an. Die Verstellung des Stellgliedes erfolgt mit doppelt großer Geschwindigkeit.

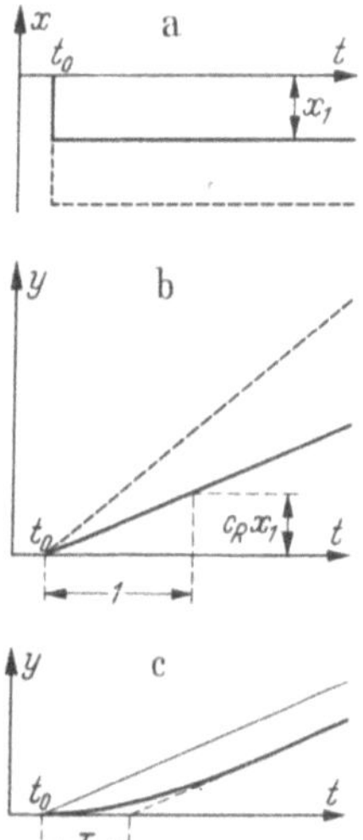

Bild 12. Übergangsfunktionen des *I*-Reglers

Bei festgehaltener Regelabweichung ist die Verstellung des Stellgliedes linear anwachsend mit der Zeit. Im Regelablauf ist der Stellweg y proportional dem Zeitintegral der Regelabweichung:

$$y = -\frac{1}{T_{\mathfrak{I}}} \int x \, dt\,, \tag{6.1}$$

und nach Differentiation:

$$T_{\mathfrak{I}}\, \dot{y} = -x\,, \text{ bzw.} = -(x-w)\,. \tag{6.2}$$

Der Regelabweichung x ist eine Stellgeschwindigkeit zugeordnet, deren Größe durch den Proportionalitätsfaktor $T_{\mathfrak{I}}$, die bezogene Stellzeit, bestimmt wird. Aus Bild 11 erkennen wir weiter, daß der Steuerschieber erst dann wieder beide Ölrohre zum Stellmotor verschließt, wenn er seine alte Lage wieder eingenommen hat, was nur sein kann, wenn die Regelgröße wieder den Sollwert erreicht hat. Der Regler stellt eine Stellgröße ein, die einer vollständigen Wiederherstellung der Regelgröße entspricht. Im idealen Falle! Wenn Reibung oder andere Ansprechgrenzen eine Rolle spielen, erreicht das Stellglied die ideale Stellgröße nicht, sondern kommt vorher zum Stillstand. Es entsteht dann ein bleibender Regelfehler nach Maßgabe der jeweiligen Größe der Ansprechempfindlichkeit, die durch konstruktive Maßnahmen klein gehalten wird.

Die Größe der Stellgeschwindigkeit hat eine *praktische Grenze*, die praktisch größtmögliche Änderungsgeschwindigkeit der Stellgröße entspricht der praktisch kleinstmöglichen *Stellzeit* T_y, in der der Stellmotor den vollen Hub der Stellgröße verstellt. Diese Geschwindigkeit wird bei der Regelabweichung X_h, dem *Laufbereich*, erreicht (*Bild 13*). Der Laufbereich X_h ist also die Hälfte des Bereiches der Regelgröße, den sie durchlaufen muß, damit die Stellgeschwindigkeit ihren größten Wert in der einen oder anderen Stell-

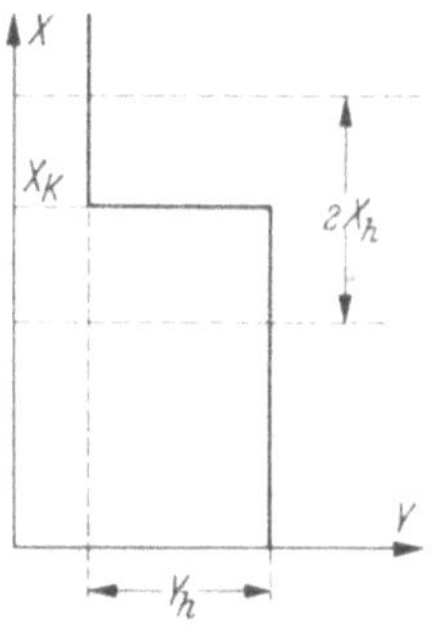

Bild 13. Laufbereich X_h und Stellbereich Y_h des I-Reglers

richtung erhält. In der Mitte dieses Bereiches liegt die Stellgeschwindigkeit Null. Bei Sollwert X_K kann jede Stellgröße Y des Stellbereiches Y_h eingestellt sein (horizontaler Teil der Kurve von *Bild 13*). Bei festgehaltenen Abweichungen von X_K läuft der Stellmotor mit einer der Abweichung proportionalen Geschwindigkeit bis zur Hubgrenze, an der die maximale bzw. minimale Stellgröße erreicht wird (entsprechend den senkrechten Teilen der Kurve).

Die *bezogene Stellzeit* $T_{\mathfrak{J}}$, der Proportionalitätsfaktor in (.2), ist die theoretische Zeit, die der Stellmotor für den vollen Hub benötigen würde, wenn seine Geschwindigkeit so weit gesteigert werden könnte, daß sie einem Laufbereich von $X_h = X_K$ entspricht, d. h. unter der theoretischen Annahme, daß eine Regelabweichung von 100% der Regelgröße die maximale Stellgeschwindigkeit bewirkt. Man erhält sie durch Extrapolation:

$$T_{\mathfrak{J}} = \frac{X_h}{X_K}\, T_y = x_h\, T_y, \tag{6.2a}$$

wenn man mit x_h den bezogenen Laufbereich bezeichnet. Bei 1% Regelabweichung braucht dann der Stellmotor eine Zeit von $100\ T_{\mathfrak{J}}$ zum Verstellen des vollen Hubes. Oft benutzt man die *Stellgeschwindigkeit* c_R:

$$c_R = \frac{Y_h}{X_h\, T_y}. \tag{6.3}$$

Sie ist die Stellgeschwindigkeit für eine Änderung der Regelgröße *um eine Einheit.*

Bild 12c zeigt die Verstellung des Stellgliedes, wenn sie nicht sofort, sondern verzögert beginnt, der schließlich lineare Verlauf mit einer *Verzugszeit* T nachschleppt. Dies kann z. B. der Fall sein, wenn die Massen des Stellmotors nicht mehr vernachlässigbar klein sind. Bei einer Verzögerung 2. Ordnung kann sich die Bewegung des Stellgliedes in die aufsteigende Linie ähnlich einschwingen, wie es hinsichtlich des Einschwingens eines Proportionalgliedes mit Verzögerung 2. Ordnung der Fall sein kann (Bild 74).

Bild 14 zeigt eine prinzipiell mögliche Ausführung eines elektrischen I-Reglers. Die Istspannung U_M wird mit einem Vergleichswert U_v verglichen, der den Sollwert bestimmt.

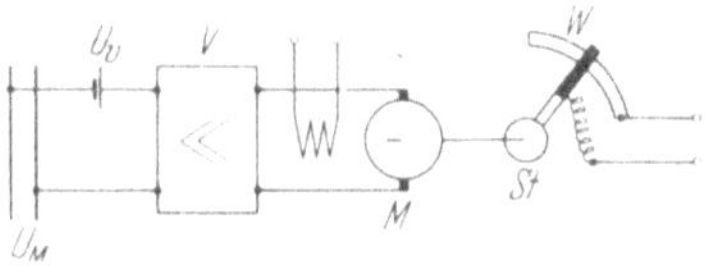

Bild 14. Elektrischer I-Regler

Die Differenzspannung wird von einem Verstärker V verstärkt — dessen Ausführungsart hier nicht interessiert — und die (sowohl positive als auch negative) Ausgangsspannung des Verstärkers als Ankerspannung einem Elektromotor M zugeführt, der konstant erregt ist. Bei der Differenzspannung Null (also Istwert gleich Sollwert) ist die Ankerspannung gleich Null und der Motor dreht sich nicht. Bei Auftreten einer Regelabweichung entsteht eine Differenzspannung am Eingang des Verstärkers, so daß seine Ausgangsspannung den Motor in Bewegung setzt. Dieser arbeitet auf ein Stellwerk *St*, das über ein Getriebe einen Schleifer bewegt. Auch hier kommt der Motor erst wieder zum Stillstand, wenn der Sollwert der Regelgröße erreicht ist. Der Schleifer schleift über einen Widerstand und schaltet je nach seiner Stellung einen verschieden hohen Widerstandswert in einen Stromkreis ein.

b) Regelstrecken ohne Ausgleich (integrale Regelstrecken)

Regelstrecken ohne Ausgleich kommen bei Auftreten einer Störgrößenänderung nicht wieder zu einem neuen Beharrungswert. Beispiel: In *Bild 15* fließt einem Wasserbecken, aus dem ein Verbraucher mit konstantem Mengenverbrauch (etwa mittels einer Dosierpumpe) beliefert wird, über das Stellglied Y Wasser so zu, daß Zufluß- und Abflußmenge gleich groß sind und sich die Wasserhöhe X nicht ändert, die dem

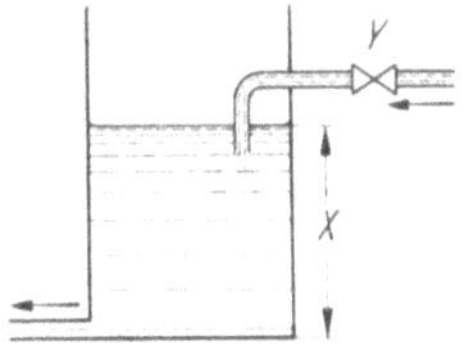

Bild 15. Regelstrecke ohne Ausgleich (integrale Regelstrecke)

Sollwert X_K entspreche. Nehmen wir eine Verstellung des Stellgliedes Y so vor, daß eine größere Wassermenge zufließt, so hebt sich der Wasserstand, ohne daß ein neues Gleichgewicht erreicht wird[1]). Der Wasserstand steigt linear. Die Geschwindigkeit der Wasserstandsänderung ist proportional der Stellgliedverstellung und umgekehrt proportional der Oberfläche des Wasserspiegels.

Bild 16 zeigt die Übergangsfunktion der integralen Regelstrecke. Die Regelgrößenabweichung x ändert sich mit konstanter Geschwindigkeit bei einer Stellgrößenänderung y, mit doppelter Geschwindigkeit bei doppelt großer Stellgrößenänderung. Unter der Änderungsgeschwindigkeit $c_S = dX/dt$ versteht man die Geschwindigkeit der Regelgrößenänderung bei Verstellung des Stellgliedes um eine Einheit. Der *Anlaufwert* A ist der *Kehrwert der größten Änderungsgeschwindigkeit* $c_{S\max}$, die bei Verstellung des Stellgliedes um den ganzen Stellbereich Y_h auftritt. Es gilt folgende Beziehung:

Bild 16. Übergangsfunktion der integralen Regelstrecke

$$A = \frac{1}{c_{S\max}} = \frac{Y_2 - Y_1}{Y_h\, c_S}, \tag{6.4}$$

wobei $Y_2 - Y_1$ eine Einheit ist. Der Anlaufwert unter Verwendung der auf X_K bezogenen Regelgröße ist die *Anlaufzeit* T_a:

$$T_a = A\, X_K = \frac{1}{\left[\dfrac{dX/X_K}{dt}\right]_{\max}}. \tag{6.4a}$$

Bei einem Proportionalglied mit Verzögerung 1. Ordnung gemäß § 5 tritt nach Verstellung des Stellgliedes stets anfangs

[1]) Daß das Becken schließlich überläuft, bedeutet kein neues Gleichgewicht, sondern ist als eine aus anderen Gründen gegebene Grenze aufzufassen.

eine größte Änderungsgeschwindigkeit der Regelgröße auf, wonach sich die Geschwindigkeit exponentiell verringert. Auch hier spricht man für den Augenblick der größten Änderungsgeschwindigkeit vom Anlaufwert A und der Anlaufzeit T_a, s. (5.1a...c).

Analog zu (.2) ergibt sich die Gleichung der integralen Regelstrecke:

$$T_a \dot{x} = y, \text{ bzw. } = y + z. \tag{6.5}$$

Als Regelstrecken ohne Ausgleich werden vielfach Proportionalglieder mit Verzögerung angesehen, in deren Gleichung in der Form von (5.1a) der Ausgleichsgrad q vernachlässigbar klein ist. Bei Drehzahlregelstrecken heißt dies, daß die Beschleunigungsmomente gegenüber den Bremsmomenten dominieren. Besonders schwierige Regelstrecken liegen Fahrzeugkursregelungen zugrunde. Ein Einschlagen der Lenkstange führt zu einer dauernd zunehmenden Kursabweichung, ohne daß Rückstellkräfte wirksam werden. Der Kurswechsel ist infolge des Trägheitsmomentes des Fahrzeuges zusätzlich mit einer Zeitkonstante behaftet.

c) Der I-Regler mit einer P-Strecke ohne Verzögerung

Ein I-Regler arbeite auf eine verzögerungsfreie Strecke:

$$\text{Regelstrecke:} \quad x = V_S\,(y + z) \tag{6.6}$$

$$\text{Regler:} \quad T_{\mathfrak{I}}\, \dot{y} = -\,(x - w)\,. \tag{6.7}$$

Zur Untersuchung der Auswirkung eines *Sollwertsprunges* w (d. h. $z = 0$) differenzieren wir (.6) und setzen $\dot{y}$ in (.7) ein:

$$\left.\begin{aligned} &\frac{T_{\mathfrak{I}}}{V_S}\,\dot{x} + x = w, \\ \text{so daß} \qquad &\frac{x}{w} = 1 - e^{-\frac{V_S}{T_{\mathfrak{I}}}t}. \end{aligned}\right\} \tag{6.8}$$

Dem Sollwertsprung sucht die Regelgröße nachzukommen. Ihre entstehende Veränderung bedeutet eine entstehende Regelabweichung x gegenüber dem alten Beharrungszustand. Sie erfolgt exponentiell nach Maßgabe der Zeitkonstante $T_{\mathfrak{I}}/V_S$ und läuft nach einiger Zeit, wenn $\dot{x}$ Null geworden ist, in den Wert $x = w$ ein. Die Regelgröße ist der Verstellung w fehlerlos gefolgt. Wenn wir die Zeitkonstante $T_{\mathfrak{J}}/V_S$ vernachlässigbar klein machen könnten, indem wir die bezogene Stellzeit $T_{\mathfrak{J}}$ äußerst klein wählen, würden wir Verhältnisse schaffen, als ob wir mit einem idealen *P*-Regler, der unendlich große Verstärkung besitzt und daher mit der Proportionalabweichung Null arbeitet, regeln würden. Leider läßt sich eine unendlich kleine Stellzeit nicht erreichen, da bei hohen Geschwindigkeiten die Verzögerungen infolge der Massenwirkungen von Bedeutung werden.

Für die Untersuchung eines *Lastsprunges* z (d. h. $w = 0$) eliminieren wir x aus (.6) und (.7) und erhalten als Lösung der hierdurch gegebenen Differentialgleichung:

$$\frac{y}{z} = e^{-\frac{V_S t}{T_{\mathfrak{J}}}} - 1\,, \tag{6.9}$$

die den zeitlichen Verlauf der Stellgröße nach einem Lastsprung angibt. Nach Differenzieren dieser Gleichung und Einsetzen in (.7) ergibt sich:

$$\frac{x}{z} = V_S\, e^{-\frac{V_S t}{T_{\mathfrak{J}}}}\,. \tag{6.10}$$

Im Moment des Lastsprunges ($t = 0$) tritt die Regelabweichung $x = V_S\, z$ auf, die nach Maßgabe der Zeitkonstante schließlich auf den Wert $x = 0$ ausgeregelt wird.

d) Der *I*-Regler mit *P*-Strecke mit Verzögerung (s. auch § 15b)

Wir betrachten in Anlehnung an Bild 10 den Geräteregler *Bild 17*, der entsprechend aufgebaut, jedoch als *I*-Regler aus-

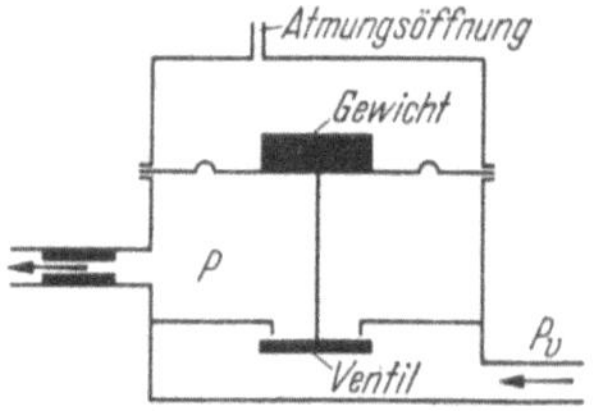

Bild 17. *I*-Regler ohne Hilfskraft

gebildet ist. Es ist kein Federsystem im Sinne des Reglers Bild 10 wirksam. Vielmehr ist die Membran gewichtsbelastet, d. h. sie trägt eine Scheibe, die merkbares Gewicht hat. Die Bewegung der Membran ist proportional der Differenz aus Druck P und Gewicht, ihre Laufgeschwindigkeit von der Dimensionierung des Raumes über ihr und der Atmungsöffnung abhängig. Bei geeigneter Dimensionierung kann man laminare Strömung in der Öffnung annehmen, so daß zwischen Membrangeschwindigkeit und bremsender Kraft Proportionalität besteht. Bei Vernachlässigung der Massenbeschleunigung ist für diesen Regler ein Verhalten gemäß (.2) gegeben. Mit der Gleichung der Regelstrecke gemäß (5.1a), die wir differenzieren, erhalten wir durch Eliminieren von $\dot{y}$ die homogene Differentialgleichung:

$$T_{\mathfrak{J}}\, T_a\, \ddot{x} + T_{\mathfrak{J}}\, q\, \dot{x} + x = 0\,, \tag{6.11}$$

aus der wir den Dämpfungsgrad D gemäß (20.4c) berechnen:

$$D = \frac{q}{2}\sqrt{\frac{T_{\mathfrak{J}}}{T_a}} = \sqrt{\frac{T_{\mathfrak{J}}}{4\, V_S\, T_S}} \tag{6.12}$$

$$\left.\begin{aligned} q &= 1/V_S \\ T_a &= T_S/V_S \end{aligned}\right\} \text{gemäß (5.1c).}$$

Die Dämpfung sinkt mit Verringerung der bezogenen Stellzeit $T_{\mathfrak{J}}$ des Reglers und mit Vergrößerung der Trägheit der Regelstrecke. Für $T_{\mathfrak{J}} = 4\, V_S\, T_S$ ist $D = 1$. Der Regler besitzt infolge seiner astatischen Wirkung größere Regelgenauigkeit als der in Bild 10 behandelte P-Regler. Bei Berücksichtigung der Massenbeschleunigung tritt zusätzlich in der Reglergleichung ein Glied mit dem 2. Differentialquotienten auf.

e) Die Regelung integraler Regelstrecken

Die Unmöglichkeit der Regelung einer integralen Strecke durch einen I-Regler läßt sich schnell übersehen. Aus den beiden Differentialgleichungen:

$$T_a\, \dot{x} = y \qquad \text{gemäß (.5)}$$

$$T_{\mathfrak{J}}\, \dot{y} = -\, x \quad \text{gemäß (.2)}$$

ergibt sich nach Differenzieren der ersten Gleichung und Einsetzen in die zweite:

$$T_{\mathfrak{Z}}\, T_a\, \ddot{x} + x = 0. \tag{6.13}$$

Da in dieser Differentialgleichung das Glied mit dem ersten Differentialquotienten fehlt, handelt es sich um die Gleichung einer harmonischen Schwingung. Die Regelgröße führt ungedämpfte Schwingungen aus, mit einer Schwingungsdauer von $T_0 = 2\pi \sqrt{T_{\mathfrak{Z}}\, T_a}$ gemäß (20.4b), und kommt nie auf einen Beharrungswert.

Die Regelung einer integralen Regelstrecke durch einen *P*-Regler ergibt sich ganz ähnlich wie mit (.6) und (.7), wenn man umgekehrt die Regelstrecke als integrales Glied und den Regler als *P*-Glied ansetzt. Man erhält entsprechend einen exponentiellen Regelvorgang. Handelt es sich um einen *P*-Regler mit Eigenverzögerung, so sind gedämpfte Schwingungen wie in Abschnitt d) gegeben.

f) Regelung bei integralem Meßwerk

Es liegen häufig, insbesondere in der chemischen Industrie, Aufgaben vor, die mittels eines integralen Meßwerks gelöst werden. Es handle sich um eine Durchflußregelung mit Hilfe eines Differentialgetriebes (*Bild 18*). Das eine Sonnenrad des

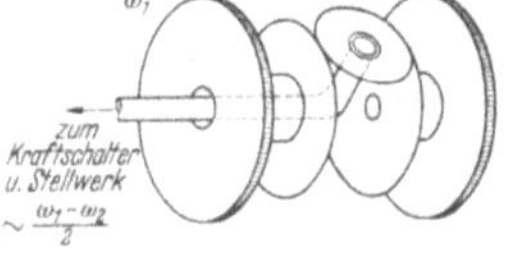

Bild 18. Differentialgetriebe als Regelkreisglied

Differentialgetriebes werde von einem Mengenzähler mit der Winkelgeschwindigkeit ω_1 angetrieben, die der Durchflußstärke (Menge/sec) proportional ist. ω_1 wird mit der Winkelgeschwindigkeit ω_2 des anderen Sonnenrades verglichen, auf das ein Leitgerät (Synchronmotor oder Uhrwerk) arbeitet.

Bei ungleicher Drehzahl bewegt sich die Planetenradachse proportional der Winkelgeschwindigkeit $(\omega_1 - \omega_2)/2$ und verstellt einen Kraftschalter und ein Stellwerk mit *P*-Eigenschaften, bis eine neue Ruhestellung erreicht wird, wenn die Drehzahlen wieder übereinstimmen. Dann ist die Durchflußstärke wieder genau dem Sollwert: die Durchflußstärke (Menge/sec) als Regelgröße hat gegenüber dem Sollwert die Abweichung Null. Dagegen zeigt das Durchflußmengenintegral eine Abweichung, für die der Winkelweg der Planetenradachse ein Maß ist. Das Stellwerk wird durch die Abweichung des Durchflußintegrals gesteuert. Bei stillstehender Planetenradachse bezeichnet deren Stellung auch die Phasenverschiebung der sich synchron drehenden Sonnenradachsen. Die Abweichung erhält mit zunehmender Zeit hinsichtlich der Durchflußmenge ein immer kleineres Gewicht, da nur während der Regelvorgänge kleine Fehllieferungen an Mengeneinheiten auflaufen. In Bezug auf die Durchflußstärke (Menge/sec) verhält sich die Anordnung wie eine *I*-Regelung. Im Falle einer Gemischregelung ist anstelle des Leitgerätes ebenfalls ein Mengenzähler wirksam, der die jeweilige Durchflußstärke eines auf ihn wirkenden Mengenstromes als Sollwert vorschreibt, während der andere Mengenzähler den Istwert der auf ihn wirkenden Menge angibt. Es läßt sich erreichen, daß das Verhältnis beider Durchflüsse konstant ist. Es liegt hiermit eine *Folgeregelung* vor. Es sei bemerkt, daß in diesen Fällen die Regelstrecke meist totzeit- und verzögerungsarm ist.

§ 7. Der *PI*-Regler

Im proportional-integral wirkenden Regler (*PI*-Regler) ist das funktionelle Verhalten des *P*- und des *I*-Reglers vereinigt. Bei einer sprunghaften Änderung der Regelgröße entsteht infolge des *P*-Anteils eine sprunghafte Änderung der Stellgröße, während gleichzeitig der *I*-Anteil beginnt, das Stellglied weiter zu verstellen, so daß die Stellgröße der Summenwirkung von *P*- und *I*-Anteil ausgesetzt ist. Auch beim *PI*-Regler regelt der *I*-Anteil so lange, bis die Regelabweichung auf den Wert Null zurückgegangen ist. *Bild 19*

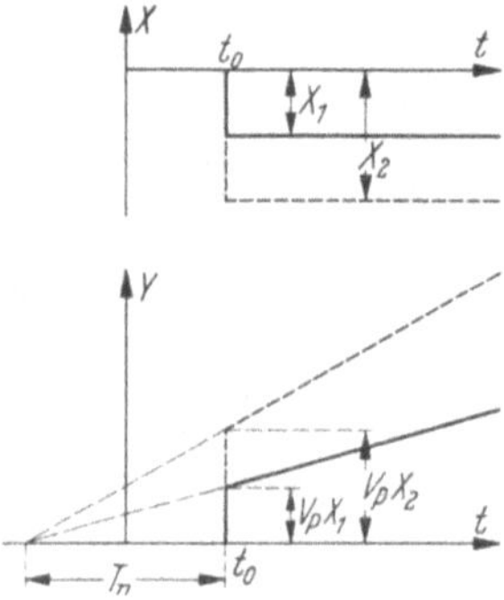

Bild 19. Übergangsfunktion des *PI*-Reglers

zeigt die Übergangsfunktion des *PI*-Reglers. Sie ist für den Sprung X_1 der Regelgröße ausgezogen aufgetragen, für einen doppelt großen Sprung X_2 gestrichelt gezeichnet. Die integrale Wirkung verläuft auch hier bei doppelt großem Sprung mit einer doppelt hohen Steilheit. Die Zeit T_n, die notwendig ist, um das Stellglied allein vermöge der *I*-Wirkung auf die Verstellung $Y = V_P X$ zu bringen, heißt die *Nachstellzeit* des *PI*-Reglers[1]). Die Gleichung des Reglers entsteht durch Addition der *P*- und *I*-Wirkung:

$$y = -V_P\left[(x - w) + \frac{1}{T_n}\int (x - w)\,dt\right]. \qquad (7.1)$$

Bild 20 zeigt eine schematische Darstellung der Summenwirkung von *P*- und *I*-Anteil auf ein Stellglied *Y*. Bei einer plötzlichen Regelabweichung x werde beispielsweise das obere Gestänge I gesenkt. Damit senkt sich auch die linke Seite des unteren Gestänges II, so daß das Stellglied *Y* sofort entsprechend dem *P*-Anteil verstellt wird. Die rechte Seite des Gestänges II bewahrt im Augenblick des Sprunges seine alte Lage, weil der Stellmotor *M* keine plötzliche Bewegung ausführen kann. Die rechte Seite des Gestänges I hat ebenfalls plötzlich entsprechend der Größe von x den

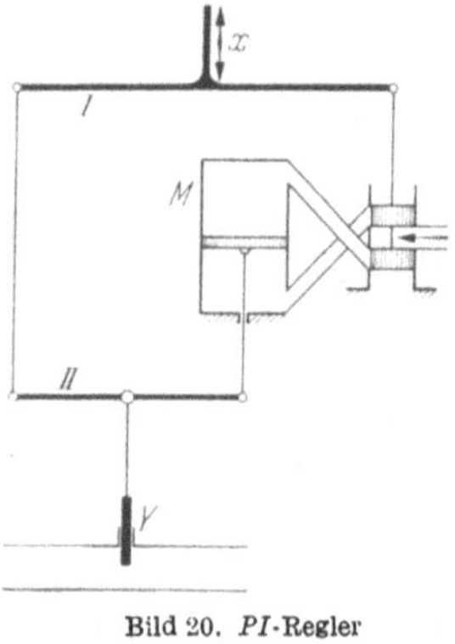

Bild 20. *PI*-Regler

[1]) Früher Isodrom- oder Rückführzeit.

Steuerschieber verstellt. Seine Verschiebung bewirkt jedoch erst allmählich eine Verstellung des Kolbens des Stellmotors M, dessen Stellgeschwindigkeit durch die Einstellung des I-Anteils bestimmt ist. Im Ablauf des Regelvorganges wird der Sollwert schließlich ohne bleibenden Fehler wiederhergestellt. Im neuen Beharrungszustand steht das Gestänge I wieder in seiner alten Lage und damit hat auch die linke Seite des Gestänges II die alte Lage wieder erreicht, während die rechte Seite so weit gesenkt ist, daß das Stellglied Y gerade die Öffnung eingestellt hat, die zur vollkommenen Wiederherstellung des Sollwertes erforderlich ist. Über ein Beispiel einer PI-Regelung s. (15.23); ferner s. (13.7), (15.16) und S. 137.

§ 8. Der Vorhalt (*D*-Einfluß)

Der proportional wirkende Regler greift schnell ein, läßt jedoch eine bleibende Regelabweichung bestehen. Sie kann groß werden, wenn aus Stabilitätsgründen ein großer Proportionalbereich erforderlich ist. Der integral wirkende Regler zeigt zwar keine bleibenden Regelabweichungen und wäre demnach in statischer Hinsicht der ideale Regler. Seine Stellzeit ist aber auf das Zeitverhalten der Regelstrecke abzustimmen, so daß unter Umständen untragbar große Stellzeiten in Kauf genommen werden müssen. Auch bei der Kombination beider Reglerarten, dem PI-Regler, ist bei ungünstigen Regelstrecken mit großen Überschwingweiten und langen Regelzeiten zu rechnen, wenn auch der I-Anteil dafür sorgt, daß die Regelabweichung schließlich auf Null zurückgeht.

Es gibt nun außer der Beeinflussung des Regelkreises durch die Regelgröße und ihr Zeitintegral eine dritte Möglichkeit, nämlich die Hinzunahme des zeitlichen Differentialquotienten. Er bringt eine Regelwirkung, noch bevor eine merkbare Regelabweichung vorliegt. Die Stellgröße kommt durch die Wirkung des Differentialquotienten in einen *Vorhalt.* Es ist so, als ob ein Steuermann, der die Eigenart seines Schiffes — die Übergangsfunktion seiner Regelstrecke „Schiff" — gut kennt, die Änderungsgeschwindigkeit des Schiffskurses (ohne daß bereits eine wesentliche Kursabweichung zu verzeichnen wäre) feinfühlend zur Notiz nimmt und gleichzeitig (gewissermaßen prophylaktisch) mit einer Drehbewegung des Stellrades reagiert, dies aber in weiser Voraussicht nur vorübergehend tut.

Dem Verständnis der Wirkung des Differentialquotienten kommen wir leichter näher, wenn wir eine Regelgröße betrachten, die sich nicht sprunghaft, sondern nach einer Anstiegfunktion ändert. In *Bild 21* oben steigt die Regelgröße nach einer Anstiegfunktion mit konstantem Anstieg an und fällt plötzlich mit gleicher Steilheit wieder ab. Darunter ist der Verlauf des dazugehörigen Differentialquotienten $\dot{x}$ gezeichnet, der wegen des konstanten Anstieges einen konstanten positiven Betrag hat, während er in der Abstiegzeit einen negativen Betrag zeigt. Ein doppelt steiler Anstieg der Regelgröße ist gestrichelt eingezeichnet, der dazugehörige Differentialquotient hat einen doppelt großen Betrag. In *Bild 22* ist der Anstieg der Regelgröße auf ein und denselben Wert x_1 in verschieden langer Zeit, d. h. mit verschieden großer Steilheit, sowie der Verlauf des Differentialquotienten aufgetragen. Er zeigt für die halb große Zeit t_2 (gegenüber t_1) doppelte Höhe. Es ist wesentlich, daß die durch die Zeitgrenze und Betragshöhe gegebene Impulsfläche einen konstanten Wert behält. Für einen noch schnelleren Anstieg in der Zeit t_3 wird die Impulsfläche sehr schmal und sehr hoch, so hoch, daß die obere Grenze der Impulsfläche nicht mehr eingezeichnet werden kann. Gehen wir zu einem unendlich schnellen Anstieg über, wie z. B. bei der senkrechten Flanke der Sprungfunktion, so wird der Differenzierimpuls unendlich schmal und unendlich hoch. Dennoch bleibt sein Flächeninhalt konstant. Bei einem Sprung auf einen doppelt großen Wert ist auch der

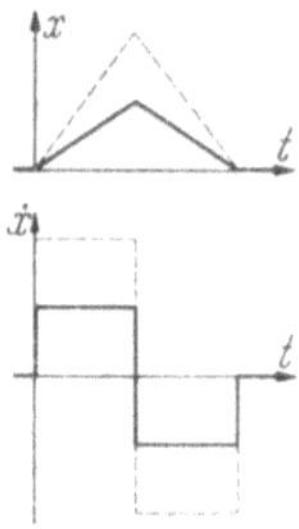

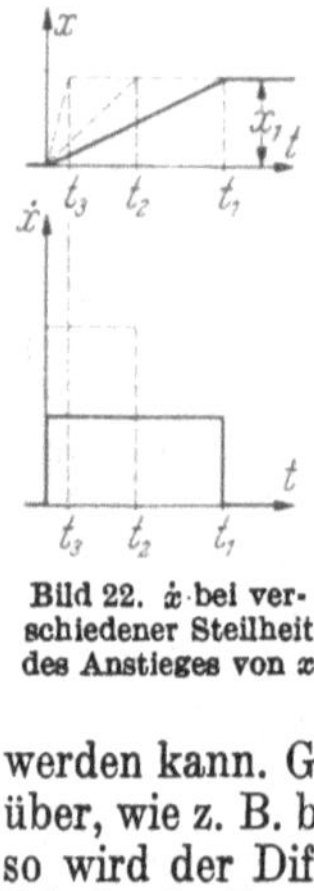

Bild 22. $\dot{x}$ bei verschiedener Steilheit des Anstieges von x

Flächeninhalt dieser unendlich schmalen und unendlich hohen Fläche doppelt groß.

Bild 23 zeigt die Übergangsfunktion des *P*-Reglers mit *D*-Einfluß (*PD-Regler*). Bei sprunghafter Änderung der Regelgröße verstellt sich das Stellglied infolge der *P*-Wirkung sofort um einen entsprechenden Betrag. Gleichzeitig aber wird im Augenblick des Sprunges infolge der Wirkung des Differentialquotienten ein vorübergehender Verstellimpuls auf das Stellglied gegeben, der entsprechend dem oben Gesagten unendlich kurz und unendlich hoch ist, jedoch bei doppelt starker Änderung der Regelgröße eine doppelt große Impulsfläche besitzt. *Bild 24* zeigt die Übergangsfunktion für den *PI*-Regler mit *D*-Einfluß (*PID-Regler*). Hier tritt das integrale Verhalten hinzu, das durch die Nachstellzeit T_n gekennzeichnet ist. Den Bildern 23 und 24 liegen ideale Verhältnisse zugrunde, die für das Verständnis des *D*-Einflusses zunächst einmal unterstellt werden müssen. Ausgeführte technische Regler können jedoch keine Stellgliedverstellungen hervorbringen, die unendlich groß sind. Anderseits lassen sich Differentiatoren, die eine mathematisch reine Differentiation der Regelgröße besorgen, nicht verwirklichen. Es liegen daher in der Praxis oft Übergangsfunktionen vor, wie sie in *Bild 25* für einen *PID*-Regler gezeigt sind. Im Moment des Sprunges der Regelgröße springt die Stellgröße auf einen endlichen Wert, der dem endlichen Verstärkungs-

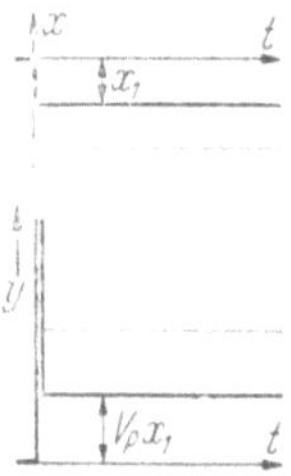

Bild 23. Übergangsfunktion eines *PD*-Reglers

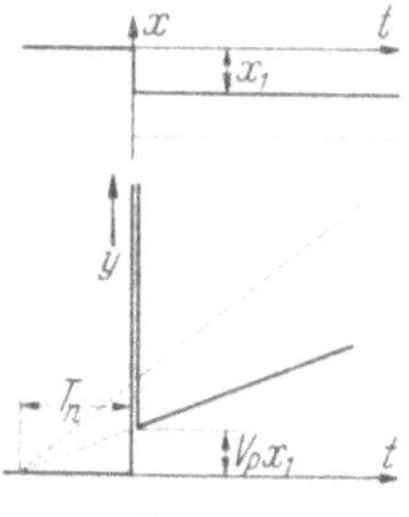

Bild 24. Übergangsfunktion eines *PID*-Reglers

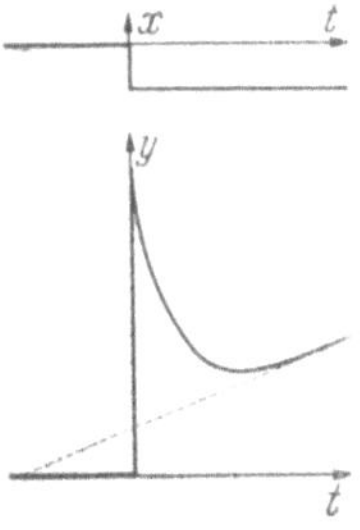

Bild 25. Übergangsfunktion eines *PID*-Reglers (endliche Verstärkung und Rückführungen)

vermögen des Reglers entspricht, klingt aber sofort etwa nach einer e-Funktion auf einen Wert ab, der dem P-Verhalten entspricht, um anschließend entsprechend seinem integralen Verhalten wieder anzusteigen. Die exponentiell abfallende Anfangsspitze hat einen Flächeninhalt, der den Differenzierimpuls ausmacht, so daß ein solcher Regler dem erwünschten Verhalten eines PID-Reglers recht nahe kommt.

Die Differentialgleichungen solcher Regler lauten für den idealisierten Fall, wenn wir auch noch eine gleichzeitige Sollwertverstellung w berücksichtigen:

für den PD-Regler:

$$y = -V_P\left[(x-w)+T_v\frac{d(x-w)}{dt}\right] \tag{8.1}$$

für den PID-Regler:

$$y = -V_P\left[(x-w)+\frac{1}{T_n}\int(x-w)\,dt+T_v\frac{d(x-w)}{dt}\right]. \tag{8.2}$$

Hierin ist T_v die sogenannte *Vorhaltzeit*, d. h. die Zeit, die das Stellglied von Beginn einer mit konstanter Geschwindigkeit verlaufenden Änderung der Regelabweichung an benötigt, um auf Grund der Proportionalwirkung den Weg zurückzulegen, den es infolge der Vorhaltwirkung sofort zurückgelegt hat[1]). *Bild 26* veranschaulicht dies (*man beachte* die *Anstiegfunktion* der Regelgröße x!). Nach einer Zeit t_1 hat die Regelgrößenänderung einen Wert x_1 erreicht, der eine Stellgliedänderung $y_1 = V_P x_1$ auf Grund der Proportionalwirkung bewirkt, während bei Beginn der Regelgrößenänderung ($t = 0$) die Vorhaltwirkung momentan eine ebenso große Stellgliedverstellung hervorruft.

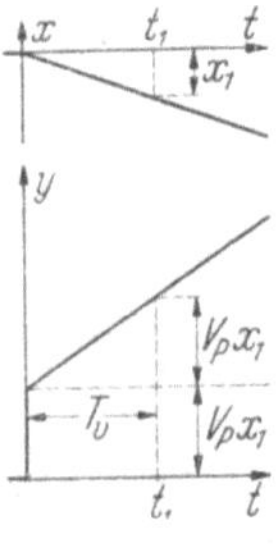

Bild 26. Definition der Vorhaltzeit beim PD-Regler

Die Hinzunahme der Vorhaltwirkung wird insbesondere dann erforderlich, wenn integral wirkende Regler infolge Speicherwirkungen einer Regelstrecke auf zu große Stellzeiten des Stellgliedes führen. Der Pro-

[1]) Früher *Beschleunigungszeit* genannt.

portionalbereich des Reglers läßt sich durch Hinzunahme der Vorhaltwirkung verengen. Der D-Einfluß ist imstande, eine Trägheit der Regelstrecke zu kompensieren. Dies läßt sich durch folgende kleine Rechnung an einem *offenen* Kreise veranschaulichen, der durch Aufschneiden am Stellglied entsteht. Es liege eine Regelstrecke mit einer Verzögerung 1. Ordnung vor:

$$T_S \dot{x} + x = V_S z . \tag{8.3}$$

Wir wollen feststellen, welche Verstellung y des Stellgliedes eine auftretende Störung z (am Eingang der offenen Schaltung) hervorruft, wenn die Regelgröße x auf einen PD-Regler wirkt, der die Gleichung:

$$y = - V_P (x + T_v \dot{x}) \tag{8.4}$$

hat. Wir bemessen $T_v = T_S$, setzen die aus (.4) gewonnene Gleichung:

$$T_S \dot{x} + x = - \frac{1}{V_P} y \tag{8.5}$$

in (.3) ein und erhalten:

$$y = - V_S V_P z . \tag{8.6}$$

Es erfolgt eine Veränderung y der Stellgröße, als ob die Regelstrecke keine Verzögerung enthielte. Der Einflußgrad des Differentialquotienten muß also einen ganz bestimmten Wert haben. Bei unzweckmäßiger Bemessung kann der Regelvorgang auch verschlechtert werden.

Durch Heranziehung des *zweiten Differentialquotienten* kann man eine weitere Trägheit der Regelstrecke kompensieren. Allerdings bereitet bei direkter Messung die gerätetechnische Bildung des zweiten Differentialquotienten größere Schwierigkeiten, so daß man sich meist auf den ersten Differentialquotienten beschränkt. Es sei betont, daß auch die Bildung des 1. Differentialquotienten im Moment einer sprunghaften Störung nur mangelhaft erfolgen kann, da ein technisches Gerät keinen unendlich hohen Wert zu liefern imstande ist. Indessen kann ein Differentiator nach Einsetzen der Regelschwingungen befriedigend arbeiten. Nur die Anfangsverhältnisse des Regelvorganges entsprechen dann nicht den

Ergebnissen, die man durch eine Rechnung gewonnen hat. Auf die Empfindlichkeit des D-Einflusses gegenüber dem Störpegel sei hingewiesen. Brauchbare Differentiatoren liegen z. B. in Form von Kreiselgeräten vor, deren Präzessionskraft ein Maß für die Winkelgeschwindigkeit bei Kursregelungen ist. Ebenso hat man die Drehbeschleunigung durch Vorhaltkreisel zur Wirkung bringen können. Auch elektrische Glieder geben die Möglichkeit, einen D-Einfluß zu erzielen. Ein weiteres Beispiel für einen Differentiator ist die Tachodynamo, wenn es sich um die Stellungsregelung einer Welle handelt.

Bild 27 zeigt die Addition von Differentialquotientenmeßwert und Meßwert der Regelgröße. Es ist angenommen, daß

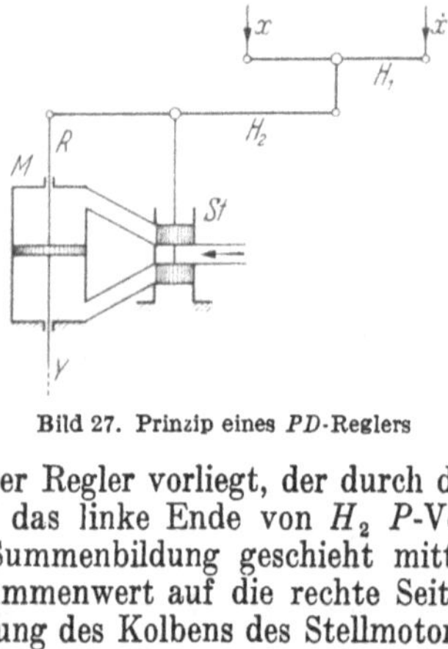

Bild 27. Prinzip eines PD-Reglers

ein hydraulischer Regler vorliegt, der durch die starre Rückführung R auf das linke Ende von H_2 P-Verhalten erhält, s. (13.3). Die Summenbildung geschieht mittels des Hebels H_1, der den Summenwert auf die rechte Seite von H_2 überträgt. Die Stellung des Kolbens des Stellmotors M folgt dann der Gesetzmäßigkeit eines PD-Reglers. Die *Herstellung des D-Einflusses mittels Rückführungen* wird im folgenden Paragraphen behandelt (s. auch § 15c).

Der PID-Regler ist der in der Praxis für höchste Ansprüche gebräuchliche Regler. Daß sein D-Anteil sich bei Regelstrecken mit zwei großen und mehreren kleinen Zeitkonstanten am günstigsten auswirkt, geht aus dem Problem der Kompensation von Zeitkonstanten der Regelstrecke durch solche im

Regler hervor (s. § 15d und § 16b S. 137). Theoretisch würde man eine ideale Regelung mit einem Regler erhalten, dessen Frequenzgang invers zum Frequenzgang der Regelstrecke wäre. Der Regler müßte entsprechend höhere Ableitungen besitzen. Die Regelgeschwindigkeit wäre extrem hoch. Dies würde entsprechend rapide Verstellungen des Stellgliedes auslösen, denen praktische Gegengründe entgegenstehen. Insbesondere erfordern manche Aufgaben der Verfahrenstechnik langsame Durchflußänderungen. Anderseits ist ein inverser Frequenzgang des reinen Totzeitgliedes nicht realisierbar. Auf Grund einer Annäherungsformel läßt sich ein D-Einfluß angeben, durch den eine gewisse Wirkung erreichbar ist. In der Praxis sind manche Regelstrecken mit dominierender Totzeit auch mit exponentiellen Zeitkonstanten behaftet, so daß der D-Einfluß des Reglers zumindest auf diese abgestimmt werden kann.

Die Wirkung des Vorhalts sei an Hand einiger Schriebe gezeigt, die J. G. Ziegler und N. B. Nichols[1]) in Amerika in empirischem Vorgehen aufnahmen und auf die im Schrifttum wegen ihrer Anschaulichkeit häufig zurückgegriffen wird. Es handelt sich um einen pneumatischen Regler, der auf eine Anlage der Verfahrenstechnik geschaltet ist. Die Übergangsfunktion dieser Regelstrecke zeigt eine merkbare Totzeit, der sich nach einem steten, aber kurzzeitigen Übergang ein exponentiell ansteigender Verlauf anschließt. *Bild 28a* zeigt einen Schrieb für Verhältnisse, bei denen der Regler nur als P-Regler arbeitete, mit einem P-Bereich, der gerade stationäre Schwingungen

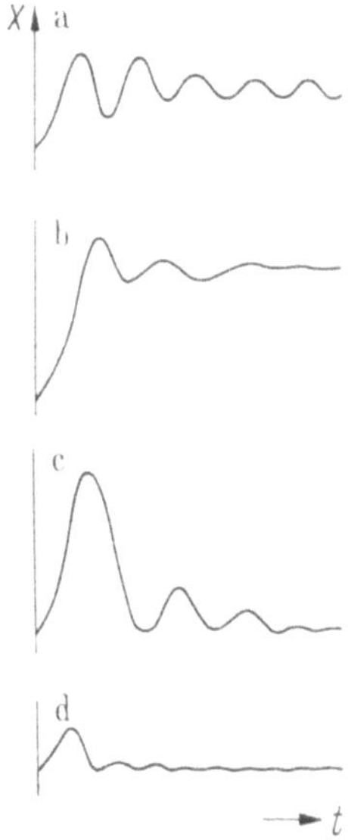

Bild 28. Regelvorgänge bei Verwendung eines P-Reglers (a und b), eines PI-Reglers (c) und eines PID-Reglers (d), (nach Ziegler und Nichols)

[1]) S. Fußnote [2]) Seite 135.

ergibt. Die Anlage befindet sich also im Pendeln mit konstanten Amplituden. Den Schrieben liegen Laständerungen zugrunde, die am Ort des Stellgliedes angreifen. Schrieb b zeigt Verhältnisse bei erhöhtem P-Bereich. Er ist so bemessen, daß nur wenige Schwingungen in den neuen Beharrungszustand mit entsprechend großer bleibender Regelabweichung überleiten. In Schrieb c ist die Integralwirkung hinzugekommen. Bei größerer Nachstellzeit kehrt die Regelgröße langsamer zur Abszisse zurück, bei kleinerer finden stärkere und länger anhaltende Einschwingvorgänge statt. Wegen der an sich stabilitätsmindernden Wirkung des Integraleinflusses mußte der P-Bereich gegenüber dem von Schrieb b etwas vergrößert werden. In Schrieb d wurde schließlich zur integralen Wirkung noch der D-Einfluß hinzugenommen. Infolge seiner stabilitätsfördernden Wirkung konnte dabei der Proportionalbereich verringert werden. Das Ergebnis spricht aus dem Vergleich der verschiedenen Schriebe und bedarf keiner weiteren Erläuterung. Die Versuche wurden für je dieselbe Laständerung durchgeführt.

Bild 29 zeigt die Wirkung der verschiedenen Regelungsarten an Schrieben einer Drehzahlregelung, die mit elektro-

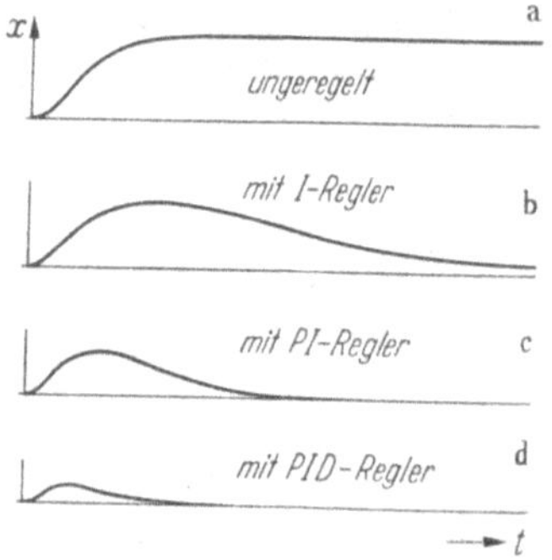

Bild 29. Drehzahlregelung eines Leonardmotors

nischen Mitteln an einer Regelstrecke vorgenommen wurde, die durch zwei große Zeitkonstanten und eine Anzahl kleiner

Zeitkonstanten charakterisiert ist (s. § 16, vorletzter Absatz). Schrieb a zeigt den Übergang der Drehzahl infolge einer Störung auf einen anderen Beharrungswert, wenn keine Regelung stattfindet. Schrieb b zeigt den Regelvorgang bei Regelung mit einem *I*-Regler, der so eingestellt ist, daß kein Überschwingen stattfindet. Schrieb c betrifft die entsprechenden Verhältnisse bei Regelung mit einem *PI*-Regler. Dem Schrieb d liegt schließlich ein *PID*-Regler zugrunde.

§ 9. Rückführungen

a) Allgemeines

Stabilisierungseinrichtungen zur Verhinderung von Regelschwingungen können auf verschiedenen Wegen realisiert werden. Zunächst könnte man am Meßort der Regelgröße *durch direkte Messung* nicht nur die Regelabweichung, sondern auch ihr Zeitintegral und die notwendigen Ableitungen messen und der Regeleinrichtung die Summenwirkung zuführen. Dieser Weg lag unseren bisherigen Ausführungen zur vereinfachten Darstellung der Grundgesetze zugrunde. Ein anderer Weg ist die Vorschaltung bestimmter Anordnungen, sogenannter *Seriennetzwerke*, die die allein gemessene Regelabweichung so verarbeiten, daß von ihrem Ausgang auch integrale und differenzierende Wirkungen ausgehen (Beispiel in § 13e). Ein dritter Weg ist die Beschaltung eines ebenfalls nur von der Regelabweichung gespeisten Verstärkers *durch Rückführungen*, d. h. durch Glieder, die vom Verstärkerausgang mit einem geeignet bemessenen Zeitverhalten auf den Reglereingang eine Gegenkopplung geben, die proportionale, integrale und/oder differenzierende Wirkungen hervorruft. Mit diesen sehr wichtigen Rückführungen wollen wir uns in diesem Paragraphen befassen[1]).

Hinsichtlich der Terminologie sei noch einiges bemerkt. Während man unter einem fabrikatorischen Gerät „Regler" eine zusammengebaute Einrichtung versteht, die die Regelabweichung feststellt und eine Ausgangsgröße abgibt, die eine

[1]) S. hierzu auch E. Grünwald, Entwurf von Reglern und Rückführungen, Regelungstechnik, 3. Jg., 1955, S. 147.

Stellgrößenänderung in zweckentsprechender Weise veranlaßt, kann die Funktion des Reglers auch von einer Reihe von Einzelgeräten, der sogenannten Reglereinrichtung übernommen werden. In diesem Paragraphen nehmen wir an, daß die Regelabweichung in einem selbständigen Gerät gebildet und einem anderen selbständigen Gerät zugeführt wird. Dieses Gerät, das in folgendem behandelt wird, besteht aus einem hoch verstärkenden Verstärker und Rückführungen. Da es eigens für den Regelzweck erstellt ist und im jeweiligen Fall auf Grund seines besonderen funktionellen Verhaltens die Güte der Regelung sicherstellt, werden wir es ebenfalls (wie auch in späteren Paragraphen) schlechthin als Regler bezeichnen.

Wir behandeln zuerst das Problem der Gegenkopplung. Dabei benutzen wir die Bezeichnung *Rückkopplung* als übergeordneten Begriff, wobei eine *positive* Rückkopplung die *Mitkopplung* und eine *negative* Rückkopplung die *Gegenkopplung* bezeichnet. Vielfach wird der übergeordnete Begriff fallen gelassen und unter „Rückkopplung“ allein die Mitkopplung verstanden sowie dann hinsichtlich der negativen Rückkopplung nur von Gegenkopplung gesprochen.

Es sei schließlich noch kurz darauf hingewiesen, daß auch von einer beliebigen Stelle eines aus einer Anzahl von Gliedern bestehenden Regelkreises ein Einfluß auf den Eingang des Reglers rückgeführt werden kann. Derartige Rückführungen können gegebenenfalls auch die Aufgabe haben[1]), die Statik einer Regelung zu verkleinern oder auch im Gegenteil sie zu schaffen oder zu erhöhen. Hier ist darauf zu achten, ob im jeweiligen Fall das erstere oder das letztere als positive Rückführwirkung bezeichnet wird.

b) Gegengekoppelte Verstärker

Man spricht von einem gegengekoppelten Verstärker, wenn die Rückführung dem eingeführten Signal entgegenwirkt. Durch *proportionale* Gegenkopplung lassen sich verbesserte Eigenschaften der Verstärkeranordnung erzielen, auf Kosten der Verstärkung der Gesamtanordnung, so daß eine genügend

[1]) Andere Aufgaben können wir aus Raumgründen nicht anschneiden.

hohe Verstärkung des Verstärkers vorliegen muß. Wir betrachten in *Bild 30* die schematische Darstellung eines Ver-

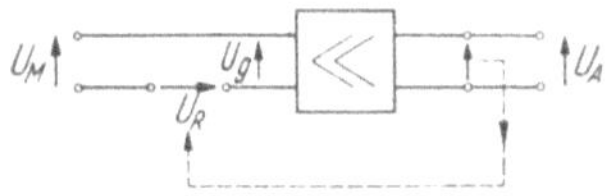

Bild 30. Prinzip eines gegengekoppelten Verstärkers

stärkers mit Gegenkopplung und schreiben die sich ergebenden Beziehungen in elektrischen Spannungen an, wobei unsere Aufmerksamkeit insbesondere den Änderungen der betrachteten Größen gelte, d. h. den dynamischen Vorgängen. Eine Meßspannung U_M wirke auf einen Verstärker mit der Ausgangsspannung U_A, wobei gleichzeitig ein Teil U_R dieser Ausgangsspannung rückgekoppelt wird, so daß die Differenz $U_M - U_R$ die Eingangsspannung U_g des Verstärkers, des sogenannten *Vorwärtsgliedes*, bildet. Der Schaltungsteil, der von U_A gespeist wird und die Größe U_R einblendet, stellt das *Rückwärtsglied* dar. Zunächst finde keine Rückkopplung statt. Es sei also $U_R = 0$. Dann ist der Spannungsverstärkungsfaktor v ohne Rückkopplung:

$$v = \frac{U_A}{U_g} = \frac{U_A}{U_M} \tag{9.1}$$

gleich der Verstärkung des Vorwärtsgliedes, das *ein Bauteil unter Verwendung von elektrischer Hilfskraft* sei (im Bild nicht angedeutet). Bei Verstärkung mit Rückkopplung ist $U_g = U_M - U_R$ und der Spannungsverstärkungsfaktor v_R:

$$v_R = \frac{U_A}{U_M} = \frac{U_A}{U_g\left(1 + \frac{U_R}{U_g}\right)} = \frac{v}{1 + \frac{U_R}{U_g}}, \tag{9.2}$$

wobei $\frac{U_A}{U_g}$ gemäß (.1) gleich dem Verstärkungsfaktor v für Verstärkung ohne Rückkopplung gesetzt wurde. Mit $\frac{U_R}{U_g} = \frac{U_R}{U_A} \cdot \frac{U_A}{U_g} = Kv$, worin $K = \frac{U_R}{U_A}$ den Rückkopplungsfaktor bedeutet, erhält man:

$$v_R = \frac{v}{1 + K v} = \frac{1}{1/v + K}. \qquad (9.3)$$

Für $v_R < v$ handelt es sich um eine *Gegenkopplung*, für $v_R > v$ um eine *Mitkopplung*, die uns hier nicht interessiert. Durch Multiplikation mit K ergibt sich aus (.3):

$$\frac{1}{K v_R} = 1 + \frac{1}{K v}. \qquad (9.4)$$

Nehmen wir an, daß $\frac{1}{K v} = 0{,}01$ ist, ergibt sich $\frac{1}{K v_R} = 1{,}01$. Würde die Verstärkung v des Vorwärtsgliedes infolge Spannungsschwankungen der Hilfsenergiequelle beispielsweise um 9% sinken, würde der Wert $\frac{1}{K v_R}$ nur auf 1,011 steigen, was eine Änderung von v_R um nur 1‰ bedeutet. Wir ersehen hieraus die wesentliche Erhöhung der Konstanz des Verstärkungsfaktors v_R bei Verstärkung mit Rückkopplung. Dies ist einer der Gründe für die Verwendung gegengekoppelter Verstärker. Voraussetzung für die Brauchbarkeit ist dabei allerdings, daß das Rückkopplungsglied, das den Rückkopplungsfaktor K bestimmt, äußerst konstant ausgelegt ist. Denn wenn wir in (.4) den Rückkopplungsfaktor K auf die rechte Seite bringen und dann in Annäherung $\frac{1}{v} \approx 0$ setzen, weil es sich im allgemeinen um eine hohe Verstärkung des Vorwärtsgliedes handeln wird, erhalten wir:

$$\frac{1}{v_R} \approx K \qquad (9.5)$$

und entnehmen hieraus, daß sich Schwankungen des Rückkopplungsfaktors K praktisch voll als Schwankungen des Verstärkungsfaktors v_R auswirken.

Die gleichen Überlegungen gelten ebenso für andere Verstärker. So ist bei dem später behandelten pneumatischen Regler (Bild 45) entsprechend die dimensionsbehaftete (s. § 4d) Verstärkung ohne Rückführung:

$$v = \frac{p_s}{x} = \frac{p_s}{x_E} \qquad (9.6)$$

(letzteres bei gleichen Hebelarmlängen der Prallvorrichtung), worin p_s die Stelldruckänderung und x die Wegänderung der Meßgröße ist. Die von der Gegenkopplungseinrichtung zurückgelegte Wegänderung ist $x_R = B\, p_s$ mit der Federungskonstante B des Rückführbalgens. Die Differenz $x_E = x - x_R$ wirkt als Eingangsgröße des Vorwärtsgliedes, so daß sich als Verstärkungsfaktor v_R mit Rückkopplung ergibt:

$$v_R = \frac{p_s}{x} = \frac{p_s}{x_E + x_R}\,. \tag{9.7}$$

Mit $v = \frac{p_s}{x_E}$, dem Verstärkungsfaktor ohne Rückkopplung, und dem Rückkopplungsfaktor $K = \frac{x_R}{p_s}$ erhalten wir aus (.7) wiederum die Gleichungen (.3) und (.4) mit den gleichen Schlußfolgerungen.

Beim Verstärker ohne Rückkopplung besteht im allgemeinen keine exakte Linearität zwischen Ausgangs- und Eingangsgröße. Die Kennlinie verläuft mehr oder weniger gekrümmt. Die durch Rückkopplung erzielbare *Linearisierung* läßt sich leicht mit Worten beschreiben. Ein mit der Krümmung kleiner werdender Neigungswinkel bedeutet eine kleiner werdende Verstärkung. Diese bewirkt eine schwächer werdende Gegenkopplung, was dem Sinken der Verstärkung entgegenwirkt. In Gebieten stärker zunehmender Krümmung gilt dies nicht mehr, da z. B. in Sättigungsgebieten $1/v$ gegenüber K Bedeutung erhält und nicht mehr $v_R \approx \frac{1}{K}$ ist, wie es bei großem Wert von v in (.5) der Fall ist. Das Ergebnis ist, daß innerhalb eines größeren Bereiches eine beachtlich bessere Konstanz infolge Rückkopplung vorliegt, als es ohne Rückkopplung der Fall wäre. *Bild 31* zeigt zwei

Bild 31. Pneumatischer Verstärker ohne und mit Gegenkopplung (nach E. Samal)

Kennlinien eines pneumatischen Verstärkers ohne und mit Rückführung (mit Kraftvergleich)[1]).

c) Das Zeitverhalten von Reglern mit Rückführung

Um das Verhalten von Reglern zu übersehen, die aus Verstärkern mit Rückführungen vorgegebenen Zeitverhaltens bestehen, stellen wir folgende einfache Überlegung an. Wir wählen einen P-Regler mit der Gleichung:

$$y = V_P\,(x + r)\,. \qquad (9.8)$$

Ein bestimmter Teil der Ausgangsgröße y wird mit einem bestimmten Zeitverhalten zurückgeführt und ist die Rückführgröße r, die zusammen mit x auf den Eingang des Verstärkers wirkt. Wir nehmen mit (.8) y gleich hinter dem Verstärker ab, bevor die Vorzeichenumkehr zur Erzielung des Regelsinnes vorgenommen wird, s. Text zu (4.1), und geben der Rückführvorrichtung folgende Funktion:

$$r = -\,T\dot{y}\,. \qquad (9.9)$$

Es handelt sich also um eine Gegenkopplung mit einem differenzierenden Zeitverhalten. (.9) in (.8) eingesetzt ergibt:

$$T\dot{y} + \frac{1}{V_P}\,y = x\,. \qquad (9.10)$$

Betrachtet man einen Verstärker mit extrem hoher Verstärkung, d. h. $V_P \to \infty$, erhält man:

$$T\dot{y} = x \text{ oder } y = \frac{1}{T}\int x\,dt\,. \qquad (9.11)$$

Das differenzierende Verhalten der Rückführung bewirkt einen Regler, der integrierende Eigenschaften hat. Entsprechend wirkt sich ein integrierendes Verhalten einer Rückführung als differenzierend arbeitender Regler aus.

In Bild 32 bis 34 sind die Wirkungsweisen der starren, der nachgebenden (elastischen) und der verzögerten Rückführung am Beispiel eines pneumatischen Reglers mit mechanischen

---

[1]) E. Samal, Regelungstechnik, Jg. 1954, S. 62. Die Kurven sind so übereinandergelegt, daß die linearisierende Wirkung auffällig in Erscheinung tritt, mit verschiedenen Maßstäben, da die Verstärkung bei Gegenkopplung kleiner ist.

Rückführungen beschrieben[1]). Der pneumatische Regler wird an sich erst in § 13 näher behandelt, so daß wir vorgreifen und die Kenntnis des dort Gesagten voraussetzen müssen. *Bild 32* zeigt die *starre Rückführung*. Die Regelgröße X wird

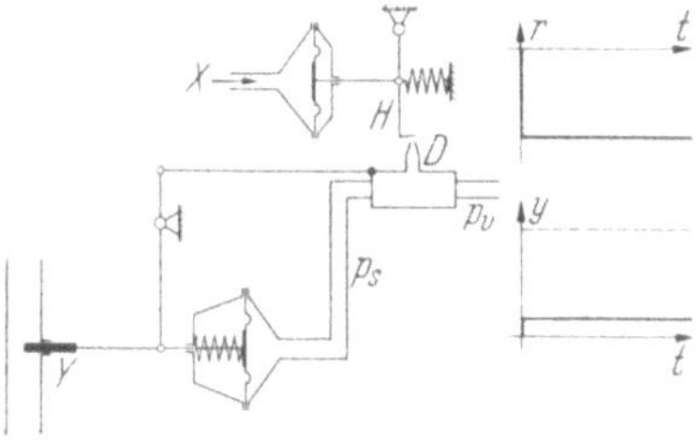

Bild 32. Pneumatischer Regler mit starrer Rückführung

gegen eine Feder verglichen. Die Regelabweichung schwenkt einen Hebel H, an dessen freiem Ende sich eine Prallplatte befindet, die bei Bewegung nach rechts (bei Größerwerden der Regelgröße X) die Öffnung der Düse D verkleinert. Dadurch erhöht sich der Stelldruck p_s, so daß das Stellglied Y im schließenden Sinne verstellt wird. Festverbunden mit der Stange zum Schieber ist das Rückführgestänge, das die beweglich angeordnete Düse in einem Sinne verschiebt, der der Wirkung der Hebelverstellung gegenläufig ist. Es besteht eine feste Zuordnung zwischen der Stellung des Stellgliedes und der Regelabweichung. Wir haben eine starre Rückführung im gegengekoppelten Sinne. Rechts daneben sind die Übergangsfunktionen der Rückführung (oben) und des Reglers (unten) aufgezeichnet. Für letzteren gilt die gestrichelte Linie für den Fall ohne Gegenkopplung, die ausgezogene Kurve für den Fall mit Gegenkopplung, in dem die Gegenkopplung einen beträchtlichen Teil der Verstärkung ohne Gegenkopplung kompensiert. Es ist ein *P-Regler*.

Bild 33 zeigt die *nachgebende* (*elastische*) *Rückführung*. Die Rückführung ist nicht mehr starr, sondern infolge der Ölbremse

[1]) Die starre Rückführung hieß früher auch *statische Rückführung*, die nachgebende Rückführung auch *vorübergehend statische* oder *isodrome Rückführung*.

B und der Feder *F* elastisch. Die Schnelligkeit der Verschiebung wird einerseits durch den Widerstand der Ölausgleichleitung bestimmt, die beide Zylinderseiten verbindet, anderseits durch die Kraft der Feder *F*. Im ersten Augenblick nach einer sprunghaften Regelabweichung verhält sich die Rückführung

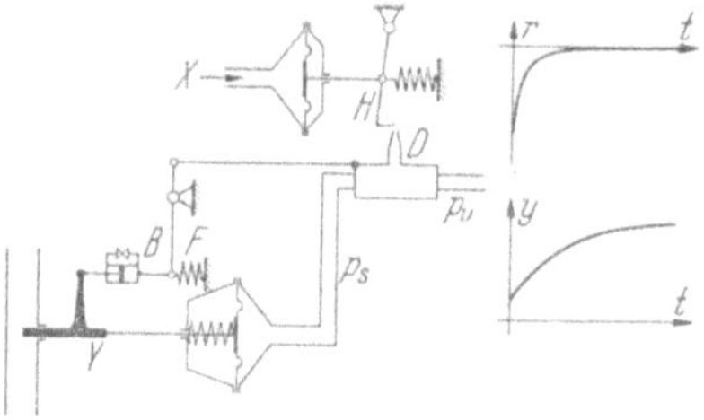

Bild 33. Pneumatischer Regler mit nachgebender (elastischer) Rückführung

so, als ob es sich um eine starre Rückführung handeln würde. Unter der Wirkung der Feder verschiebt sich dann der Kolben so lange, bis sich die Feder entspannt hat. Im entspannten Zustand der Feder liegen Verhältnisse vor, als ob keine Rückführung vorhanden wäre. Die Übergangsfunktion der Rückführung rechts daneben (oben) zeigt dieses Verhalten. Entsprechend hat die Übergangsfunktion des Reglers (unten) im ersten Augenblick eine geringe Verstärkung, die allmählich bis zur vollen Verstärkung des Reglers ohne Rückführung ansteigt. Es liegt ein *Regler mit PI-Verhalten* vor.

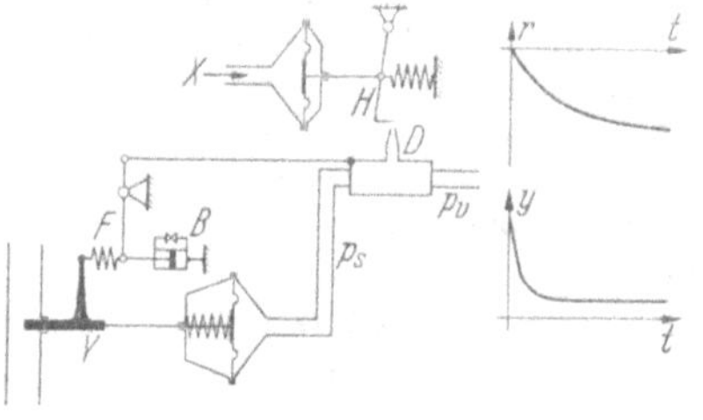

Bild 34. Pneumatischer Regler mit verzögerter Rückführung

Bild 34 zeigt eine Anordnung, bei der die Ölbremse und die Feder gegenüber Bild 33 die Plätze vertauscht haben. Die Folge ist, daß im ersten Augenblick die Rückführung den Düsenkörper nicht bewegt, daß sich lediglich die Feder spannt. Dann aber beginnt unter dem Druck der Feder die Rückführung wirksam zu werden (*verzögerte Rückführung*). Die Übergangsfunktionen der Rückführung und des Reglers sind wieder rechts daneben gezeichnet. Wir haben einen *Regler mit PD-Verhalten.* Zur Klärung des Unterschiedes der Zeitkonstanten der Übergangsfunktionen in Bild 34 (in anderer Art auch in Bild 33) siehe § 15c, in dem (15.14) zeigt, daß die Zeitkonstante T_v der Rückführung eine Zeitkonstante $T_v\, V_P/V_V$ des Reglers bewirkt.

Schließlich behandeln wir eine viel verwandte Rückführung eines elektronischen Verstärkers gemäß *Bild 35a.* Ausgehend von einem Bezugszustand mit den Bezugsspannungen U_{E0}, U_{g0} und U_{A0} erfolge eine plötzliche Spannungsänderung u_E, die Spannungsänderungen u_g und u_A bewirkt. Für die in den Ohmschen Widerständen R_0 und R_1 eintretende Stromänderung läßt sich anschreiben:

$$\frac{u_E - u_g}{R_0} = \frac{u_g + u_A}{R_1}, \quad (9.12)$$

wobei berücksichtigt ist, daß ein Ansteigen von U_E ein Sinken von U_A zur Folge hat. Die Weiterentwicklung dieser Gleichung führt zu der Form:

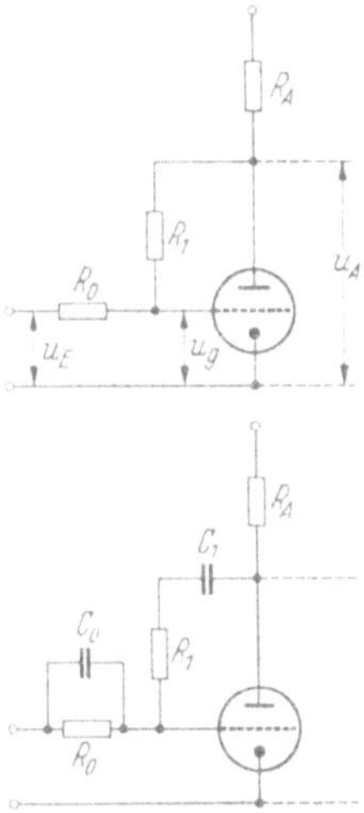

Bild 35.
Elektronischer Verstärker mit Rückführung

$$\frac{u_E}{u_A} = \frac{R_0}{R_1} + \frac{u_g}{u_A}\left(1 + \frac{R_0}{R_1}\right). \quad (9.13)$$

Für extrem hohe Verstärkung ist praktisch $\frac{u_g}{u_A} \approx 0$, so daß sich folgende Beziehung ergibt:

$$\frac{u_A}{u_E} = \frac{R_1}{R_0}, \tag{9.14}$$

und mit den Bezeichnungen der Regeltechnik[1])

$$\frac{y}{x} = V_P \quad \text{mit}\ V_P = \frac{R_1}{R_0}. \tag{9.15}$$

Die Rückführung schreibt demnach den Proportionalwert eines P-Reglers vor, wenn die Widerstände R_0 und R_1 reell sind. Dabei ist in dieser Schaltung folgendes zu beachten: Dem zurückgeführten Bruchteil der Ausgangsspannung u_A, der gleich dem Verhältnis $R_0 : (R_0 + R_1)$ ist, überlagert sich der Spannungsabfall über R_0, der durch das Fließen eines von der Eingangsspannung u_E bewirkten Stromes über R_0 und R_1 und zurück über den Lastwiderstand R_A entsteht, wobei in bestimmten Grenzen letzterer annäherungsweise als Kurzschluß aufgefaßt werden kann. Hierdurch hat das aus R_0 und R_1 bestehende Rückkopplungsglied einen Verstärkungsfaktor, der nicht nur wie in Bild 30 vom abgegriffenen Bruchteil der Spannung u_A abhängt, sondern auch durch die galvanische Verbindung zwischen Gitter und Anode der Röhre bestimmt wird.

Wählen wir komplexe Widerstände gemäß Bild 35b:

$$\frac{1}{\mathfrak{R}_0} = \frac{1}{R_0} + j\,\omega\,C_0 = \frac{1}{R_0}(1 + j\,\omega\,R_0\,C_0)$$

$$\mathfrak{R}_1 = R_1 + \frac{1}{j\,\omega\,C_1} = \frac{1 + j\,\omega\,R_1\,C_1}{j\,\omega\,C_1}$$

und setzen diese an Stelle der reellen Widerstände ein, so erhalten wir anstatt (.15):

$$\frac{y}{x} = \frac{u_A}{u_E} = \frac{\mathfrak{R}_1}{\mathfrak{R}_0} = \frac{(1 + p\,\tau_1)(1 + p\,\tau_0)}{p\,\tau_i}, \tag{9.16}$$

$$\begin{aligned} \text{worin}\ p &= j\,\omega \\ \tau_0 &= R_0\,C_0 \\ \tau_1 &= R_1\,C_1 \\ \tau_i &= R_0\,C_1. \end{aligned}$$

[1]) Hinsichtlich des Vorzeichens s. Text zu (9.8).

Wir haben einen *Regler mit PID-Verhalten* (s. § 8 und § 15d). Dies erkennt man durch Ausmultiplizieren:

$$\frac{y}{x} = \frac{1}{p\tau_i} + \frac{\tau_0 + \tau_1}{\tau_i} + p\,\frac{\tau_0\,\tau_1}{\tau_i}. \tag{9.17}$$

Der erste Summand beschreibt nach (22.9) ein Glied mit integrierendem Verhalten, der zweite Summand nach (22.4) ein solches mit proportionalem und der dritte nach (22.11) ein solches mit differenzierendem Verhalten. Die durch τ_0, τ_1 und τ_i bestimmten Faktoren der drei Summanden entsprechen den Beiwerten in (8.2). Man erkennt, daß die Abänderung eines Wertes in (.17) mehrere der Summanden gleichzeitig beeinflußt. Diese *Abhängigkeit der Einstellwerte von Rückführungen* kann sich auch dahin auswirken, daß die einstellbaren Werte eingeengt sind (Näheres s. Oppelt S. 213).

§ 10. Die Totzeit

Es gibt Regelstrecken, deren Ausgang nicht sofort Änderungen des Zustandes zeigt, wenn der Eingang eine sprunghafte Änderung erfährt, bei denen vielmehr eine mehr oder weniger lange Zeit vergeht, bis sich am Ausgang auch nur die geringste Änderung bemerkbar macht. *Bild 36* veranschau-

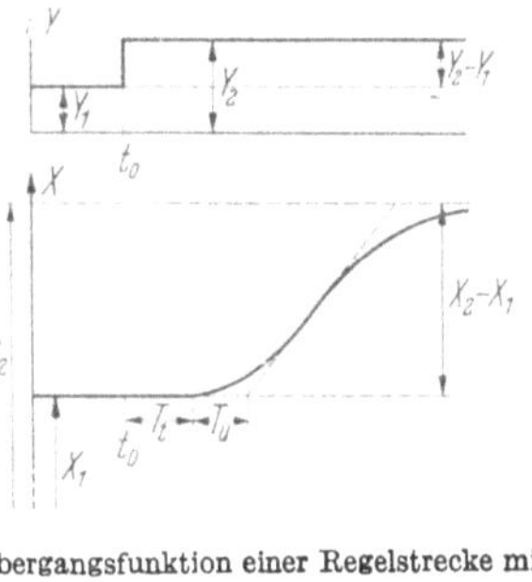

Bild 36. Übergangsfunktion einer Regelstrecke mit Totzeit

licht, daß nach einer sprunghaften Verstellung des Stellgliedes der Ausgang (die Regelgröße) zunächst während der Totzeit T_t auf ihrem alten Wert X_1 verharrt und erst hiernach sich zu ändern beginnt. Dem Bild liegt eine Regelstrecke zugrunde, bei der sich der Totzeit das Verhalten einer Regelstrecke mit Verzögerung höherer Ordnung und Ausgleich anschließt, so daß die Regelgröße schließlich zu einem neuen Beharrungswert kommt. Die Totzeit T_t ist hier eine „echte" Totzeit, von der man spricht, wenn es sich um Transport- sowie um Fortpflanzungszeiten (Laufzeiten) handelt. Bei einem Transportband erscheint eine höhere Beschickung erst nach Ablauf der Transportzeit am Bandende. Ebenso machen sich beispielsweise bei Gemischregelungen Änderungen am Eingang der Regelstrecke erst nach einer gewissen von der Strömungsgeschwindigkeit abhängigen Zeit am Meßort bemerkbar, so daß erst dann der Regler etwas tun kann. Die Fortpflanzungsgeschwindigkeit des Schalls in Luft von 343 m/s (bei 20° C) ist allgemein bekannt. Eine Gasdruckleitung von 100 m, die die Aufgabe hat, die Druckänderung einer Meßdose einem Regler zuzuführen, bringt also eine Totzeit von rund 0,3 sec in den Regelkreis. Bei Gemischregelungen, Warmwasserheizungen, Kessel- und Feuerungssystemen liegen die Totzeiten im Hauptenergiefluß. Die elektrische Fortpflanzungsgeschwindigkeit spielt in der Regeltechnik infolge ihres hohen Wertes (300 000 km/s) keine Rolle. Da Auswirkungen der Störgrößenänderung für die Dauer der Totzeit am Meßort nicht vorliegen und daher die Ableitungen der Regelgröße den Wert Null haben, ist die Hinzunahme von Differentialquotientenmessungen problematisch (s. S. 61).

An die steilste Stelle des Teiles der Übergangsfunktion von Bild 36, der der Totzeit folgt, ist gestrichelt die Tangente gelegt, die man oft als angenäherten Verlauf ansehen kann. Für dessen Kennzeichnung gelten auch hier die Begriffe des Anlaufwertes A und der Anlaufzeit T_a gemäß (6.4) und (6.4a). Die Zeit zwischen T_t und dem Fußpunkt der Tangente entspricht dem allmählichen Anstieg des tatsächlichen Kurvenverlaufes, der die Folge der Hintereinanderschaltung mehr oder weniger vieler Speicherglieder ist, die auch als Verzögerungssystem zweiter, dritter und höherer Ordnung bezeichnet wird. Diese Zeit wird vielfach auch Totzeit oder aber Ersatztotzeit und Verzugszeit T_u genannt, s. S. 174 (77).

Während die Neigung der Übergangsfunktion eines Systems erster Ordnung im Anfangspunkt endlich ist (§ 19), ist sie für ein System zweiter Ordnung Null, weil der erste Differentialquotient verschwindet (§ 20). Bei Verzögerungssystemen höherer Ordnung werden auch entsprechend höhere Ableitungen Null, die Übergangsfunktion steigt erst später merkbar an und wird der bei Totzeit ähnlicher.

Hinsichtlich des Unterschiedes zu der in § 5 behandelten Anordnung eines Speicherraumes ist zu beachten, daß dort vorausgesetzt wurde, daß es sich bei dem betrachteten Speicherraum um Maße handelt, bei denen die Fortpflanzungsgeschwindigkeit noch keine Rolle spielt, bei denen aber die räumliche Ausdehnung derart ist, daß die zuströmende Menge sich über den Raum verteilen muß und daher, wenn auch sofort, so doch nur allmählich ansteigend eine Meßwertänderung hervorruft.

Schon 1928 hat K. Küpfmüller die Auswirkung der Totzeit untersucht. Er lieferte damit eine der ersten grundlegenden regeltheoretischen Arbeiten. Infolge der Anschaulichkeit der Ergebnisse wollen wir kurz auf sie eingehen und die in *Bild 37* dargestellte idealisierte Regelstrecke zugrundelegen. Einer Totzeit von $t = 0$ bis $t = t_1$ folgt ein geradliniger Übergang von $t = t_1$ bis $t = t_2$, wo plötzlich ein Ausgleich erreicht wird. Die Regelung mit einem *P*-Regler ergibt bei Variation des Verhältnisses t_2/t_1 Regelkurven, die in *Bild 38* aufgetragen sind. Als Verstärkungsfaktor wurde der Wert $V = 2$ gewählt, so daß der Regelfaktor $R = 0{,}33$ beträgt. Für $t_2/t_1 = 2$ ergeben sich anwachsende Schwingungen. Bei $t_2/t_1 = 4$ stellt sich gerade indifferentes Gleichgewicht ein, bei dem sich Schwingungen konstanter Amplitude halten. Schließlich hat das Verhältnis $t_2/t_1 = 8$ abklingende Schwingungen zur Folge. Der Regelvorgang geht nach kurzer Zeit in Sinusschwingungen über, die Oberschwingungen sind ver-

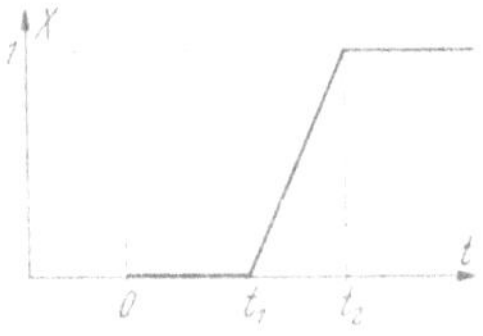

Bild 37.
Stilisierte Übergangsfunktion einer Regelstrecke mit Totzeit

hältnismäßig schnell abgeklungen. Durch Vergrößern der Übergangszeit ($t_2 - t_1$) oder durch Verkleinern der Totzeit t_1 oder schließlich durch Herabsetzen der Regelgenauigkeit (Vergrößern des Regelfaktors R) kann die Stabilität verbessert werden. Die Frequenz der Grundschwingung ist näherungsweise $\omega = 2\,\pi/(t_1 + t_2)$. In *Bild 39* ist der kritische Regelfaktor in Abhängigkeit von $t_1/(t_2 - t_1)$ aufgetragen.

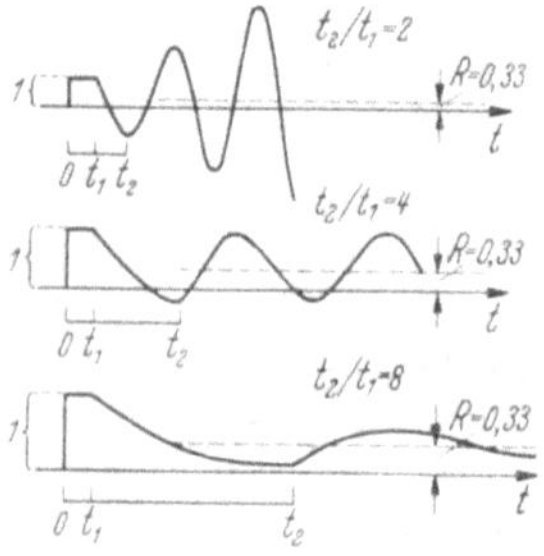

Bild 38.
Regelvorgänge nach Küpfmüller

In § 15e (letzter Absatz) werden wir Grenzbetrachtungen über die Regelung einer reinen Totzeitstrecke durch einen P- und einen I-Regler anstellen. Bei ersterem ist im Stabilitätsgrenzfall die Verstärkung $V_P = 1$ (bei einem Verstär-

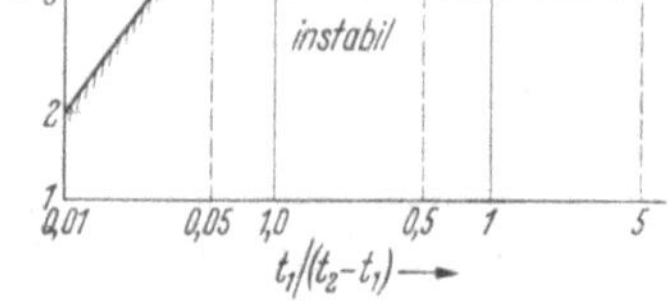

Bild 39. Stabilitätsgrenze bei Regelstrecke gemäß Bild 37 mit P-Regler

kungsfaktor der Regelstrecke von $V_S = 1$), so daß bei abklingenden Verhältnissen der Regelfaktor $R > 0{,}5$ wird, also mit entsprechend großen bleibenden Regelabweichungen zu rechnen ist. Indessen ist beim I-Regler der Stabilitätsgrenzfall bei einer bezogenen Stellzeit $T_{\mathfrak{J}} = 0{,}64\ T_t$ gegeben, so daß bei größerer Stellzeit eine vollständige Ausregelung einer Störgrößenänderung möglich ist.

Es sei schließlich darauf hingewiesen, daß die Totzeit sich vielfach in Abhängigkeit von der Belastung einer Anlage ändert, z. B. mit abnehmender Last wächst.

§ 11. Mehrspeichersysteme und Stabilitätskriterien

Da das dynamische Verhalten des Regelkreisgliedes durch eine Differentialgleichung beschrieben wird, erhält man für den gesamten Regelkreis ein System simultaner Differentialgleichungen, wobei es genügt, die Abweichungen der die Vorgänge beschreibenden Größen vom stationären Wert zu betrachten. Man bedient sich der Theorie der kleinen Schwingungen, weil man für kleine Intervalle lineare Verhältnisse annehmen kann, während bei größeren Intervallen die Ergebnisse mit gewissen Fehlern behaftet sein können. Es ist aber notwendig, verschiedene Arbeitspunkte zu untersuchen.

Durch Elimination reduziert sich das Gleichungssystem auf eine einzige Differentialgleichung n — ter Ordnung, die den Regelvorgang beschreibt. Wird die Elimination für eine andere Veränderliche vorgenommen, so ergibt sich die gleiche Differentialgleichung, jedoch im allgemeinen mit anderen Anfangsbedingungen. Wenn die Differentialgleichung für die Regelgröße x aufgestellt ist, enthält sie außer x und seinen Ableitungen auch die Störgrößen z_1, z_2 ... und deren Ableitungen sowie die Führungsgröße w und ihre Ableitungen als inhomogenen Teil. Der Stabilitätszustand der Anlage ist unabhängig von der Art der Störung und wird daher ausschließlich vom homogenen Teil der Gleichung beschrieben. Diese hat die Form:

$$a_n\, x^{[n]} + a_{n-1}\, x^{[n-1]} + \dots + a_2\, \ddot{x} + a_1\, \dot{x} + a_0\, x = 0\,. \qquad (11.1)$$

Es liegt eine lineare Differentialgleichung mit konstanten Koeffizienten vor, die bekanntlich durch den Exponentialansatz $x = e^{\varkappa t}$ befriedigt werden kann. Für $\varkappa$ erhält man die sogenannte charakteristische Gleichung:

$$\dots a_3\, \varkappa^3 + a_2\, \varkappa^2 + a_1\, \varkappa + a_0 = 0\,. \qquad (11.2)$$

Sie hat dasselbe Aussehen wie die Differentialgleichung. Nur stehen an Stelle der Ableitungen von x Potenzen von α. Während die Bestimmung von α mit höherem Grad der Gleichung numerisch sehr schwierig und explizite unmöglich wird, ist es relativ einfach, ohne genaue Kenntnis der Lösungen α Aussagen über den Stabilitätszustand zu machen. Die Regelung ist nämlich dann stabil, wenn alle Lösungen α einen negativen Realteil besitzen, so daß die zugehörigen Teilvorgänge exponentiell abklingen. Hierfür gab Hurwitz die folgenden Vorschriften:

a) alle Koeffizienten müssen vorhanden und positiv sein,

b) es müssen die Ungleichungen bestehen:

für die Gleichung

2. Grades: $a_1 > 0$ (11.3)

3. Grades: $a_1 a_2 - a_0 a_3 > 0$ (11.4)

4. Grades: $a_1 (a_2 a_3 - a_1 a_4) - a_0 a_3^2 > 0$ (11.5)

5. Grades: $(a_1 a_2 - a_0 a_3)(a_3 a_4 - a_2 a_5) - (a_1 a_4 - a_0 a_5)^2 > 0$ (11.6)

Wenn man hierin statt der Ungleichheitszeichen Gleichheitszeichen setzt, erhält man den Stabilitätsgrenzfall für ungedämpfte Schwingungen, die weder abklingen noch anschwellen. Die Wurzeln der charakteristischen Gleichung bestimmen die Art, in der die Regelgröße von einem zum anderen Beharrungszustand übergeht. Es können konjugiert komplexe Wurzeln auftreten, von denen jedes Paar für sich abklingende harmonische Schwingungen beschreibt. Die Teilschwingungen können einem exponentiellen Abfall überlagert sein, der oft ebenfalls schnell abklingt. Häufig ist für den Regelablauf die Teilschwingung mit der tiefsten Frequenz am wichtigsten. Sie beherrscht dann nach einiger Zeit das Bild allein.

Das Hurwitzsche Stabilitätskriterium liefert die Grenzen zwischen stabilem und instabilem Verhalten, sagt aber nichts über die *Güte der Regelung* aus, von der man erwartet, daß sie mit Schnelligkeit und möglichst geringen Abweichungen den Sollwert wiederherstellt. Hiermit werden wir uns in § 16 näher zu befassen haben. Ferner s. auch § 15e.

Der geschlossene Regelkreis kann auch in Fällen stabil sein, in denen der Kreis in offener Schaltung instabil ist (vergl. Oppelt 1. Aufl. S. 330, 2. Aufl. S. 387).

§ 12. Spezielle Fragen des geschlossenen Regelkreises

a) Ansprechempfindlichkeit, Reibung, Lose

Der Ansprechempfindlichkeit, (Coulombschen) Reibung und Lose liegen Verhältnisse zugrunde, die nicht durch lineare Beziehungen beschrieben werden können, so daß Rechnungen auf große, oft unüberwindliche Schwierigkeiten stoßen. Die Auswirkungen sind sehr unterschiedlich. Der sprungweise Übergang von einem Zustand in einen anderen (wie bei Ansprechempfindlichkeit) ist der Erzielung statischer Genauigkeit hinderlich. Reine Lose und Reibung können zu ungedämpften Schwingungen führen. Innerhalb der toten Zone findet überhaupt keine Übertragung statt. Reine Lose in einem Regelkreisglied, das in der Hauptwirkungsrichtung des Regelkreises liegt, wirkt im allgemeinen entdämpfend, da es als nacheilendes, mit Trägheit behaftetes Glied angesehen werden kann. Man ist bestrebt, derartige Nichtlinearitäten auf ein Minimum herunterzudrücken. So sucht man z. B. die *Reibung der Ruhe* oft dadurch auszuschalten, daß man einen Bauteil in dauernder Bewegung hält (z. B. S. 87), sei es in rotierender oder vibrierender. Um Stellfehler infolge Spiel oder Reibung zu beseitigen, werden unter Umständen bei Stellmotoren „Stellungsregler“ erforderlich. E. Weis[1]) berichtet, daß man an einem Hochdruckventil der Auswirkung der hier gegebenen hohen Reibungskräfte mittels eines „Stellrelais“ so stark entgegenwirken konnte, daß der Stellfehler von 30% auf 1 ... 2% verringert wurde und der P-Bereich auf $^1/_5$ heruntergesetzt werden konnte, der ohne diese Maßnahme aus Stabilitätsgründen unzulässig groß gehalten werden mußte (s. auch § 13c Schluß).

b) Regler mit Störgrößenaufschaltung

Unter Regelungen mit Störgrößenaufschaltung versteht man Regelkreise, bei denen z. B. der Sollwert von einer Störgröße zusätzlich gesteuert wird. Es wird die Störgröße gemessen und in Abhängigkeit des Meßwertes die Sollwerteinrichtung be-

[1]) Die Regelungstechnik in der chemischen Industrie, Regelungstechnik, 2. Jg. (1954), S. 10.

einflußt. Dieser Vorgang ist eine Steuerung, da im Gegensatz zum Regelvorgang die ausgeübte Wirkung keinen Rückeinfluß auf die gemessene Größe ausübt. Ähnlich kann auch eine weitere Größe in den Meßkreis zur Bildung der Regelabweichung eingeführt und von einer Störgröße gesteuert werden, so daß der Istwert mit der Summe aus dieser Größe und der vom Sollwert diktierten Vergleichsgröße verglichen wird. Man kann eine solche Regelung auch so auffassen, daß dem Istwert „mehrere Führungsgrößen“ gegenüberstehen und ein Vergleich mit ihrem Summenwert stattfindet (z. B. S. 110). In anderen Fällen kann auch das Stellglied zusätzlich verstellt werden.

Nach den Definitionen der DIN 19226 wird die Störgrößenaufschaltung mit einem zusätzlichen *Z* bezeichnet, so daß man den *PZ*-, *PIZ*-, *PIDZ*-Regler usw. erhält. In bezug auf Bild 1 wurde bereits ausgeführt, daß bei einer Raumheizung eine Konstanz der Raumtemperatur erzielt werden kann, wenn man jede der verschiedenen Störgrößen je einen Wärmeapparat „steuern“ läßt. In Verbindung mit einer Regeleinrichtung spricht man von „Störgrößenaufschaltung“ oder auch „Störwerttendenzaufschaltung“. Man eliminiert hierbei vor allem die gewichtigste Störgröße und läßt den Regler nur noch die anderen Störgrößenänderungen ausregeln, die weniger Gewicht haben. Hierbei verringert sich auch die *P*-Abweichung um den Betrag, den die aufgeschaltete Störgröße sonst verursachen würde. Um die zeitliche Verzögerung der Wirkung der Störgrößenänderung auf die Regelgröße zu berücksichtigen, muß die Störübergangsfunktion bzw. der Störfrequenzgang betrachtet werden, d. h. das Verhalten der Regelgröße in Abhängigkeit sprunghafter bzw. sinusförmiger Änderungen der Störgröße. Eine gute dynamische Anpassung kommt auf die Aufgabe heraus, den betreffenden Störfrequenzgang der Schaltung — z. B. $x(j\omega) : z_1(j\omega)$ — zu einem Minimum (im Idealfall zu Null) werden zu lassen. Die Störgrößenaufschaltung beeinträchtigt als offene Steuerkette nicht zusätzlich die Stabilität der Regelung.

Regelstrecken mit Totzeit werden vielfach durch Störgrößenaufschaltung regeltechnisch verbessert. Z.B. können Temperaturänderungen am Trockner-Einlauf der Feuchteregelung einer Stoff- oder Papierbahn mit einem „Tendenz-Thermoelement" gemessen und als Störwerttendenzspannung zu der gemessenen Regelabweichung zusätzlich aufgeschaltet werden. Ein solches Tendenz-Thermoelement besteht aus einem Paar gegeneinander geschalteter Thermoelemente, von denen das eine träge ist, so daß bei Temperaturänderung eine Differenzspannung entsteht. Bei dem sich nach einiger Zeit einstellenden Beharrungszustand besteht keine Differenzspannung mehr. Die Anordnung wirkt etwa wie ein Vorhalt. Bei Speisewasserregelungen (Niveau-Regelungen) können Störgrößenaufschaltungen dadurch vorgenommen werden, daß das Verhältnis von Dampf- und Wasserverbrauch gemessen und dem Regler zugeführt wird, noch bevor eine Wasserstandsänderung merkbar wird.

Eine bekannte Störgrößenaufschaltung ist die Kompoundierung elektrischer Generatoren, bei der z. B. die Erregung der Erregermaschine zusätzlich verstellt werde, indem ein zweites Erregerfeld direkt in Abhängigkeit der Last verändert wird. Eine ebenso bekannte Anwendung der Störgrößenaufschaltung ist die $I \cdot R$-Kompensation bei der Ankerspannungsregelung von Antriebsmotoren, wenn zur Konstanthaltung der Drehzahl auf eine Messung der Drehzahl selbst verzichtet wird. Ein dem Produkt aus Ankerstrom I und Ankerwiderstand R proportionaler Wert wird als Störgrößenaufschaltung der Störgröße I in den Meßkreis des Reglers eingeführt und wirkt additiv zu dem vom Sollwert diktierten Vergleichswert. Die Summe beider Werte bewirkt eine Regelung auf eine Ankerspannung, die um den Abfall $I \cdot R$ größer ist, so daß praktisch eine Regelung auf konstante Motor-EMK bzw. konstante Drehzahl erreicht wird.

Ein lehrreiches Beispiel für die Vorteile derartiger Maßnahmen ist folgendes[1]). Ein Raum werde durch Zuluft geheizt, die durch einen dampfbeheizten Lufterhitzer erwärmt wird, und soll temperaturgeregelt werden. Ein Widerstands-

[1]) S. Fußnote S. 79.

thermometer, das die Temperatur des Raumes mißt, ist der Hauptfühler und Teil einer elektrischen Brücke eines elektropneumatischen Reglers. Die Brücke arbeitet über eine Tauchspule auf einen pneumatischen Kraftschalter, der den Stelldruck für das Membranventil liefert, das die Dampfheizung des Lufterhitzers verstellt. Der kleine P-Bereich des elektropneumatischen Reglers bewirkt infolge der Trägheiten des Regelkreises Schwingungsneigung. Zur Vergrößerung des P-Bereiches muß daher von einer *starren Rückführung* Gebrauch gemacht werden. Diese wird vorteilhafterweise weder vom Stelldruck noch von der Spindel des Membranventils (Stopfbuchsenreibung) abgenommen, sondern von einem Widerstandsthermometer in dem von der Dampfleitung erwärmten Lufterhitzer. Dieser Punkt gestattet die Verwendung eines einfachen Fühlerelementes und bietet eine wesentlich kleinere Totzeit des Rückführkreises im Vergleich zur Gesamttotzeit des ganzen Regelkreises. Der Kennlinie Regelgröße/Heizlufttemperatur kann eine stark fallende Charakteristik gegeben werden (Vergrößerung des P-Bereichs durch starre Rückführung). *Gleichzeitig* wird eine zusätzliche *Störwertaufschaltung* vorgenommen. Die *Zuluft* zum Lufterhitzer wird hierzu mit einem weiteren Widerstandsthermometer versehen, das ebenfalls in der Reglerbrücke liegt und bewirkt, daß bei Sinken der Außentemperatur mehr Dampf zum Lufterhitzer gegeben wird. Die Charakteristik Regelgröße/Außentemperatur ist steigend und auf die Charakteristik Regelgröße/Heizlufttemperatur so abgestimmt, daß die Wirkungen sich aufheben. An das Hauptthermometer im geheizten Raum kommen nur noch kleine Störungen, deren Ausregelung einen so kleinen Teil des P-Bereichs in Anspruch nimmt, daß seine Auswirkung nicht mehr nennenswert ist. Derartige P-Regelungen mit kleinen P-Abweichungen werden vielfach auch *I-ähnliche Regelungen* genannt.

c) Vermaschte Regelkreise und Mehrfachregelungen

Einläufige Regelkreise sind streng genommen solche, in denen eine Regelstrecke und ein Regler hintereinandergeschaltet zu einem geschlossenen Regelkreis zusammengeschlossen sind. Schon ein Regler mit Rückführung gemäß Bild 3 läßt sich als Vermaschung auffassen. Auch Störgrößenaufschaltungen, die wir im vorigen Abschnitt kennen lernten, verändern einen einläufigen Regelkreis zu einem komplizierteren Gebilde. Vermaschte Regelkreise entstehen auch mittels Hilfsstellgrößen, wodurch unter Umgehung von trägheitsbehafteten Anlageteilen die Dynamik ebenfalls verbessert werden kann. Beispielsweise läßt sich die Auswirkung schneller Änderungen bei der Temperaturregelung eines Wärmeaustauschers durch einen vorübergehenden Eingriff in den Durchfluß des zu erhitzenden Gutes schneller beeinflussen, als es über die Regelung der Hauptstellgröße des Heizdampfflusses der Fall ist. In solchen Fällen ist jedoch die Regelung über das Hauptstellglied für die Dauer eine Notwendigkeit.

Unter Mehrfachregelung versteht man die Regelung mehrerer Regelgrößen mittels entsprechend vieler Regler, wobei jedoch eine Kopplung der Regelkreise über die Regelstrecke vorliegt, so daß mehr oder weniger starke Beeinflussungen stattfinden. Es sei z. B. sowohl die Frequenz als auch die Spannung eines Umformergenerators zu regeln. Der Frequenzregelkreis arbeitet auf das Feld des Antriebsgleichstrommotors, der Spannungsregelkreis auf das Feld des Wechselstromgenerators. Eine Laständerung wirkt sich sowohl auf die Wechselspannung als auch auf die Drehzahl aus, die die Frequenz bestimmt. Die Regelvorgänge des einen Kreises beeinflussen auch den anderen. Eine Stabilitätsuntersuchung muß die Gesamtschaltung der gekoppelten Glieder berücksichtigen. Verschwindet die Kopplung, dann zerfällt das Problem in zwei Einfachregelungen, die sich nicht mehr beeinflussen, und es liegt keine Mehrfachregelung mehr vor. Daß sich bei Mehrfachregelungen stark unterschiedliche Eigenfrequenzen der Regelkreise günstig auswirken müssen, liegt auf der Hand (s. auch § 15f). Als weiteres Beispiel einer Mehrfachregelung sei eine Kesselregelung erwähnt, bei der ein Regler den Speisewasserstand, ein zweiter Regler die Geschwindigkeit der Brennstoffzufuhr, ein dritter Regler die Luftzufuhr und ein vierter Regler den Feuerraumdruck regelt.

§ 13. Stetige Regler

a) Mechanische Regler ohne Hilfskraft

Derartige Regler sind bereits mit den Bildern 4, 10 und 17 behandelt worden. Ein anderes Beispiel ist ein bekannter Reglertyp, bei dem die Fühleranordnung eine Flüssigkeit mit hohem Wärmeausdehnungskoeffizienten enthält. Die Ausdehnung der Flüssigkeit verschiebt unmittelbar einen Kolben, der einen Ventilkegel verstellt (P-Regler), z. B. zur Betätigung von heißwasserbeheizten Wärmeaustauschern bis zu etwa 25 atü. — Ein weiteres sehr einfaches Beispiel ist der Wasserstandsregler, der mittels eines Schwimmers und eines Hebels das Zuflußventil einer Wasserleitung regelt. Er ist in vielen Haushaltungen allbekannt und regelt dort den Wasserstand für den Abflußwasserstrom Null. Sein P-Verhalten ist besser zu übersehen, wenn man den Abflußstrom variiert. Der P-Bereich ist durch den Weg gegeben, den der Schwimmer zurücklegen muß, um das Zuflußventil von der einen bis zur anderen Hubgrenze zu verstellen.

b) Hydraulische Regler

Der Behandlung des I-Reglers legten wir in Bild 11 einen Regler mit ölhydraulischer Hilfskraft zugrunde, dessen Arbeitsweise dort beschrieben wurde. *Bild 40* zeigt denselben Regler mit *starrer Rückführung*. Der Drehpunkt g des Gestänges, das die Bewegung der Regelabweichung x im Punkt s auf den Kraftschalter, den Doppelkolben-Steuerschieber St, überträgt, ist hier nicht mehr wie im Bild 11 ortsfest, sondern auf dem Kolben des Stellmotors M gelagert, so daß er dessen Bewegung mitmacht. Bei sprunghafter Änderung der Regelgröße x wird im ersten Augenblick das Gestänge so gedreht, als ob g ortsfest gelagert wäre, da eine Verschiebung des Kolbens des Stellmotors noch nicht

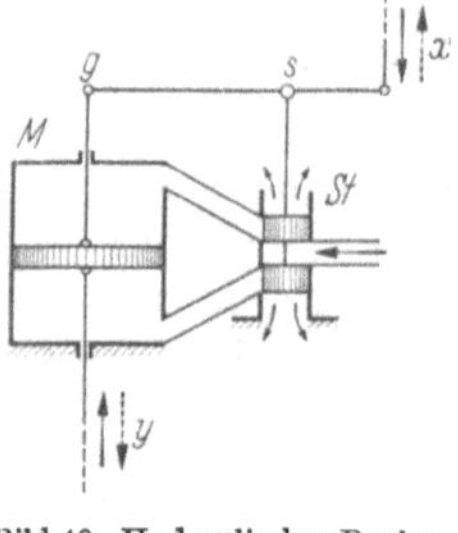

Bild 40. Hydraulischer Regler mit starrer Rückführung

stattgefunden hat. Der Kolben beginnt sich aber sofort zu verschieben und nimmt den Drehpunkt g mit.

Wir wollen eine sprunghafte Änderung von x durch Verstellung von Hand nach oben vornehmen und halten. Der Regler beginnt, den Motorkolben nach unten zu verschieben. Da der Motorkolben den Drehpunkt g und damit auch im Verhältnis der geometrischen Anordnung den Punkt s mit dem Steuerschieber mitnimmt, kehrt der Steuerschieber schließlich in die neutrale Lage zurück, in der der Regler zur Ruhe kommt. In dieser besteht eine Zuordnung zwischen der vorgenommenen Verstellung von x und der erzielten Stellgrößenänderung y. Hiermit ist das statische Verhalten eines P-Reglers gegeben. Das zeitliche Verhalten finden wir aus folgenden Beziehungen. Für den Stellmotor gilt gemäß (6.2), ohne Berücksichtigung der Vorzeichenumkehr (4.1):

$$T_M \dot{y} = s\,, \tag{13.1}$$

wenn wir mit s auch den Weg des Punktes s bezeichnen — was wir auch hinsichtlich x und g tun wollen —. Bei festgehaltenem x gilt für die momentane Lage der drei Punkte x, s und g, deren Werte bezogene Größen sein mögen:

$$s = x - g = x - y\,, \tag{13.2}$$

letzteres, da g und y starr miteinander verbunden sind. (In äußerster Lage ist im Ruhezustand $s = 0$, $x = 1{,}0$ und $y = 1{,}0$.) Durch Eliminieren von s erhalten wir:

$$y + \dot{y}\, T_M = x. \tag{13.3}$$

Wir haben hiermit einen *P-Regler*, der mit einer zeitlichen Verzögerung entsprechend dem Wert T_M arbeitet. Die geometrische Anordnung der Punkte g, s und x bestimmt den P-Bereich.

Bild 41 zeigt den hydraulischen Regler *mit nachgebender* (*elastischer*) *Rückführung*. Der Drehpunkt g ist mit dem Motorkolben nicht mehr fest verbunden, sondern über einen Ölkatarakt: einen Ölbehälter, in dem sich ein Kolben K mit einer Geschwindigkeit bewegen kann, die durch den (einstellbaren) Widerstand des Ölumlaufrohres r und die Kraft der Feder F gegeben ist. Bei einer sprunghaften Änderung von x

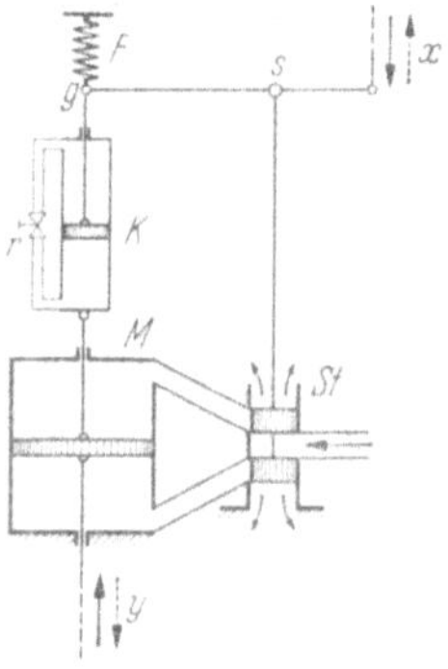

Bild 41. Hydraulischer Regler mit nachgebender Rückführung

verhält sich der Regler zunächst wie der Regler mit starrer Rückführung (P-Verhalten). Dann aber zieht die Feder den Punkt g in die Ausgangslage zurück. Das Endergebnis ist ein I-Verhalten. Der Regler ist ein *PI-Regler.* Zur Bestimmung des zeitlichen Verhaltens ist die Wirkung von Feder und Ölkatarakt zu berücksichtigen. Die Bremskraft P_K des Ölkatarakts, die der Relativgeschwindigkeit von Kataraktkolben und Motorkolben proportional ist:

$$P_K = k_K (\dot{y} - \dot{g}) \qquad (13.4)$$

ist gleich der Federkraft P_F:

$$P_F = k_F\, g. \qquad (13.5)$$

Aus (.4) und (.5) ergibt sich mit $T_K = k_K/k_F$:

$$\dot{g} + \frac{1}{T_K} g = \dot{y}. \qquad (13.6)$$

$T_K = 0$ entspricht dem Regler ohne Rückführung, $T_K = \infty$ dem Regler mit starrer Rückführung. Durch Eliminieren von g und s aus den Gleichungen (.1), (.2) und (.6) erhalten wir die Gleichung für den hydraulischen Regler mit nachgebender Rückführung:

$$\ddot{y}\, T_M\, T_K + \dot{y}\,(T_M + T_K) = x + \dot{x}\, T_K\,, \qquad (13.7)$$

auch hier unter Vernachlässigung von Massenkräften sowie von Unzulänglichkeiten in den mechanischen Übertragungsgliedern; s. ferner (15.16).

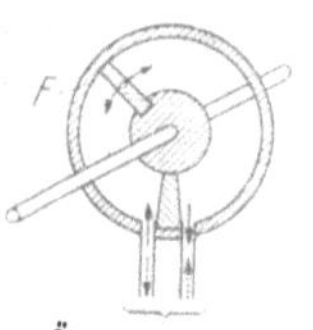

Bild 42. Hydraulischer Stellmotor für Drehbewegungen

Der ölhydraulische Stellmotor besitzt hohe Stellgeschwindigkeiten und infolge seiner geringen Massen kleine Eigenverzögerungen, so daß der Regler auch in der Elektrotechnik sehr verbreitet ist. Eine andere Ausführung des Druckölmotors zeigt *Bild 42.* Das vom Steuerschieber freigegebene Drucköl bewegt einen

Flügel *F*. Dieser dreht eine Welle, die direkt oder über eine Kette z. B. den Erregerwiderstand eines Generators verstellt. Bei einem viel verwandten elektrischen Meßwerk sitzt der Meßwerkanker auf dem Steuerschieber. Das System Anker-Steuerschieber wird entgegen einer Feder in das Feld eines Elektromagneten nach Maßgabe der ihn erregenden Generatorspannung mehr oder weniger stark hineingezogen. Normale Ausführungen dieser Regler können Drehmomente bis zu 100 mkg und mehr abgeben, bei Verstellzeiten bis etwa 1 ... 0,3 sec für den vollen Hub.

Zur Erzielung hoher Genauigkeiten werden besondere Maßnahmen getroffen. Eine Vorsteuerung, auf die auch eine besondere Ölpumpe arbeiten kann, bewirkt, daß der Hauptsteuerschieber durch den Druck der Vorsteuerflüssigkeit einerseits und durch einen entgegengesetzten Federdruck anderseits beeinflußt wird. Um Reibungskräfte an den Steuerungen weitgehend aufzuheben, wird der Hauptsteuerschieber in ständiger Drehbewegung gehalten. Verschiebungen des Ankers des Meßwerkes um Bruchteile eines Millimeters genügen, um eine Regelbewegung nach sehr geringer Verzögerung einzuleiten. Elektrodynamische Meßwerke, bei denen der Steuerschieber durch eine Meßspule verstellt wird, geben dem Regler eine so hohe Empfindlichkeit, daß er auch in elektrischen Brückenschaltungen und in Vergleichsregelungen verwandt wird.

Eine andere Ausführung des Öldruckreglers ist der *Strahlrohrregler*, dessen Arbeitsweise schematisch in *Bild 43* dar-

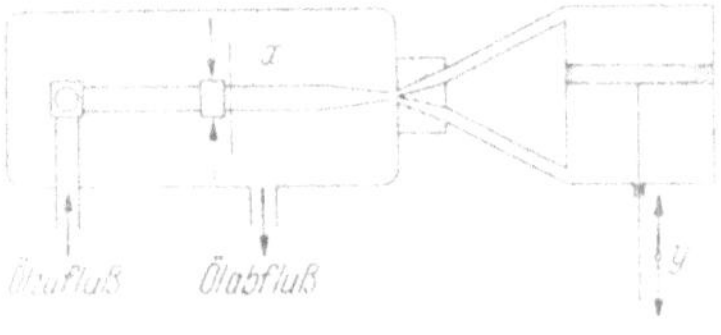

Bild 43. Strahlrohrregler

gestellt ist. Bei diesem Regler wird das Drucköl — Öldruckregler arbeiten meist mit einem Öldruck von 5 bis 15 atü — einem Strahlrohr zugeführt, dessen Düse zwei Öffnungen in einem „Druckverteiler" gegenübersteht, die zu zwei Ölleitungen eines Stellmotors der oben behandelten Art führen. Das Strahlrohr ist schwenkbar. In Mittelstellung trifft der aus der Düse strömende gebündelte — in einer bestimmten Ausführung 2 mm dicke — Ölstrahl die beiden Öffnungen zu gleichen Teilen, so daß auf beiden Seiten des Motorkolbens gleicher Druck herrscht. Trifft der Ölstrahl bei Schwenkung des Strahlrohrs — z. B. Strahlrohrweg von ± 1 mm — die eine Öffnung stärker, erhält die mit ihr in Verbindung stehende Kolbenseite stärkeren Druck und bewegt den Kolben, bis das Strahlrohr wieder in Mittelstellung steht. Das Strahlrohr wird von dem jeweiligen Meßwerk nach Maßgabe der Regelabweichung geschwenkt.

c) Pneumatische Regler

In der chemischen Verfahrenstechnik sind pneumatische Regler weit verbreitet und werden unter anderem dann verwendet, wenn Explosionssicherheit gefordert ist. Ferner haben pneumatische Anlagen zur Fernübertragung von Meßwerten und von Kommandos an Stellglieder neben der elektrischen Fernübertragung in der chemischen Industrie große Bedeutung gewonnen, sie kommen auch in zentralen Meß- und Bedienungsständen vielfach zur Anwendung. Die obere Grenze der Übertragungsgeschwindigkeit ist durch die Schallgeschwindigkeit gegeben. Die praktisch auftretenden Geschwindigkeiten hängen von der Gesamtanordnung der jeweiligen Anlage ab. Hierdurch sind auch die Totzeiten in der pneumatischen Anlage bestimmt. Es ist zu beachten, daß Druckluftleitungen keine Rückleitung benötigen. Infolge der in chemischen Anlagen wirksamen großen Zeitkonstanten sind die verhältnismäßig langen Stellzeiten pneumatischer Stellglieder meist nicht störend. Der volle Hub eines Stellgliedes bei Änderung des Steuerdruckes beispielsweise von 0,2 auf 0,8 kg/cm² kann eine Stellzeit von 10 bis 20 sec erfordern.

Bild 44 zeigt die Wirkungsweise eines pneumatischen Reglers *mit Auslaßdüsensteuerung.* Speisedruckluft von $p_v = 1$ bis 1,5 atü strömt über eine Festdrossel F von konstantem Querschnitt durch ein Rohr in eine Düse D, deren Öffnung meist einen Durchmesser von 0,5 bis 1,5 mm hat. Vor ihr befindet sich eine Prallplatte P, die der Kraftschalter für die pneumatische Hilfskraft ist. Sie ist an einem um einen festen

Punkt drehbaren Gestänge angebracht, an dessen anderem Ende die Regelgrößenänderung x angreift. Der Abstand x_E

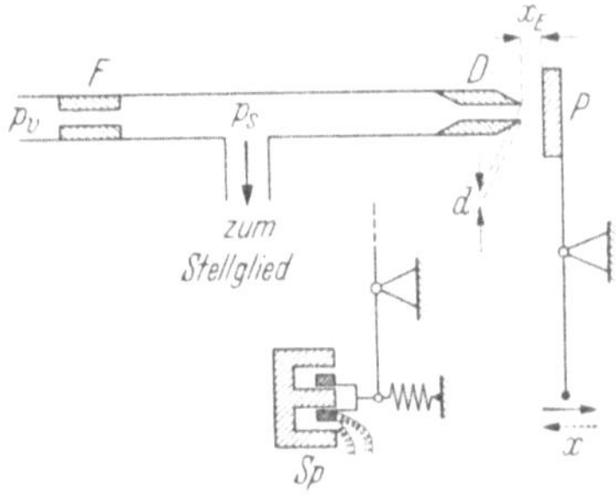

Bild 44. Pneumatische Steuerdüse
Sp = Tauchspulensystem des elektropneumatischen Reglers

der Prallplatte von der Düsenöffnung bestimmt den Ausströmwiderstand und dieser zusammen mit dem Widerstand der Festdrossel den Druck p_s zwischen F und D. Dieser Druck wirkt als Steuerdruck auf ein pneumatisches Stellglied, das man sich als eine Membran vorzustellen hat, deren Stellung durch die Wirkung von Steuerdruck und einer entgegenwirkenden Federkraft bestimmt wird. Der Ausströmwiderstand der Düse ist eine Funktion des Ausströmquerschnitts $Q_d = \pi\, d\, x_E$. Ab $x_E = d/4$ werden die Ausströmverhältnisse nur noch wenig beeinflußt. Der Zusammenhang zwischen dem Stelldruck p_s und dem Abstand x_E, der von der Regelabweichung x eingestellt wird, ist nur in einem bestimmten Bereich annähernd linear (s. Bild 31).

Die dem pneumatischen Verfahren anhaftenden Nachteile können durch besondere Maßnahmen weitgehend gemildert und praktisch unwirksam gemacht werden. Die kleinen Querschnitte von Drosseln und Düsen verschmutzen leicht und sind einer Abnützung unterworfen. Die Prallplatte ist gegenüber Verlagerungen infolge Unvollkommenheiten der Lagerung, der Rückstellfedern und infolge Temperatureinflüssen sehr empfindlich. Schon Werte von hundertstel mm machen sich bemerkbar. Hystereseerscheinungen von Balgenmembranen können von Bedeutung werden. Die Komprimierbarkeit der Luft in der Luftleitung kann Anlaß zu schwach gedämpften Schwingungen der Prallplatte geben. Schließlich sind Änderungen des Speisedrucks und vom Luftstrahl auf die Prallplatte ausgeübte Staukräfte zu beachten. Zur Linearisierung der Kennlinie und Beseitigung der aufgezählten Erscheinungen hat die starre Rückführung große Bedeutung.

Bild 45 zeigt einen pneumatischen Regler *mit starrer Rückführung* nach dem Wegesystem (Ausschlagsystem). Das Meß-

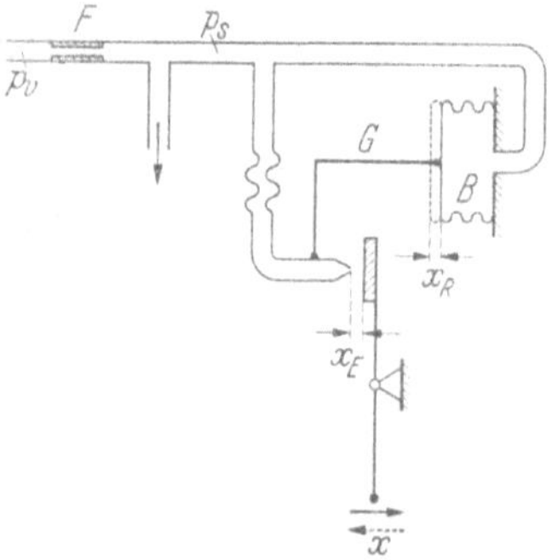

Bild 45. Pneumatischer Regler mit starrer Rückführung

system nimmt eine Drehung der Prallplatte vor, deren Ende den Weg x zurücklegt. Die Düse ist flexibel mit dem Luftleitungssystem verbunden, damit sie in Gegenkopplung entsprechend bewegt werden kann. Die Gegenkopplung wird mittels des federnden Faltenbalges B bewirkt, der vom Steuerdruck p_s gespeist wird und über das feste Gestänge G die Düse verstellt (s. § 9c). Wenn die vom Meßsystem abgegebene Meßgröße eine Kraft ist, wird die Rückführung durch Kraftvergleich ausgeführt (Kompensationssystem). Die Düse ist dann fest gelagert. Die Verstellung der Prallplatte erfolgt in Auswirkung der Differenz der Kraft der Meßgröße und der Kraft des Rückführbalgens. Hierbei sind weit kleinere Wege des Faltenbalges gegeben, was eine beträchtliche Verlängerung der Lebensdauer ergibt. Reibungen und mechanische Berührungen können weitgehend vermieden und Federgelenke anstatt bewegter Achsen (Lose) usw. verwandt werden.

Bild 46 zeigt einen pneumatischen Regler mit Rückführungen, dessen Prallplatte nicht ortsfest, sondern mittels der

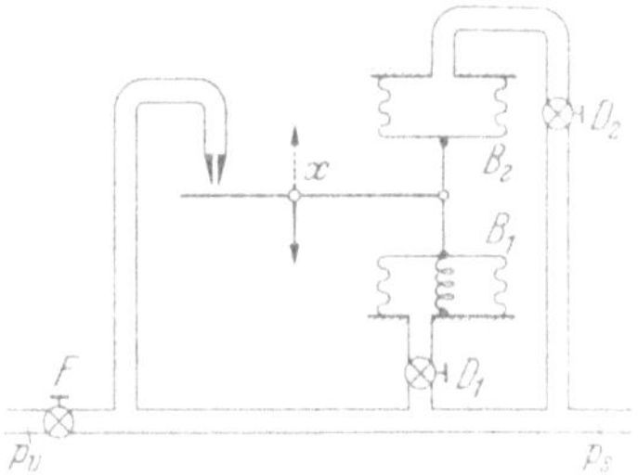

Bild 46. Pneumatischer Regler mit nachgebender und verzögerter Rückführung

Feder im Balgen B_1 elastisch gelagert ist. Denken wir uns die Drossel D_1 sowie den Balgen B_2 mit Drossel D_2 zunächst fort, so haben wir mit B_1 eine starre Rückführung. Nehmen wir das System $B_2 — D_2$ hinzu, so paßt sich der Druck im Balgen B_2 allmählich dem Druck p_s im Balgen B_1 an. Ihre Wirkungen heben sich schließlich auf, so daß der kleine Proportionalbereich der Anordnung ohne Rückführungen erreicht wird, was als integrierendes Verhalten anzusehen ist. Damit liegt ein Regler mit *PI-Verhalten* vor. Fügen wir schließlich noch die Drosselstelle D_1 hinzu, so erfolgt die von B_1 ausgehende Rückführwirkung nur verzögert. Der Regler hat *PID-Verhalten.*

Der *Luftverbrauch* (bzw. Stickstoffverbrauch) der Düsensteuerung ist vom Düsenquerschnitt und der Häufigkeit der Regelvorgänge abhängig. Als Anhalt werden Werte von < 200 l/h ... 1000 l/h angegeben. — Anstatt der hier beschriebenen Auslaßdüsensteuerung werden auch *Einlaßdüsensteuerungen* und kombinierte Einlaß-Auslaßdüsensteuerungen verwandt. Bei der Einlaßdüsensteuerung strömt die Luft über eine veränderliche Drossel zu, die von einer Prallplatte gesteuert wird, und schließlich über eine Festdrossel ins Freie. — Bei anderen Systemen pneumatischer Regler wird ein Luftstrahl zwischen zwei Düsen von einem auslenkbaren messerartigen Strahlabschneider mehr oder weniger stark abgeschnitten oder es ist ein pneumatisches Strahlrohr ähnlich dem hydraulischen Strahlrohr angeordnet. — Beim elektropneumatischen Regler wird vielfach ein *Tauchspulensystem* verwandt. Hier ist auf die Prallplatte eine Spule aufgesetzt. Sie liegt im Nullzweig einer elektrischen Brücke (s. § 14b) und arbeitet im Feld eines starken Magneten (Ansprechempfindlichkeit z. B. 10^{-5} V). In Bild 44 ist das Prinzip eines solchen Tauchspulensystems in einer kleinen Nebenzeichnung gezeigt.

In pneumatischen Anlagen werden auch pneumatische Wandler (*Transmitter*) benötigt. Ein Ausführungsbeispiel zeigt in prinzipieller Darstellung *Bild 47*. Eine Auslaßdüsensteuerung, wie

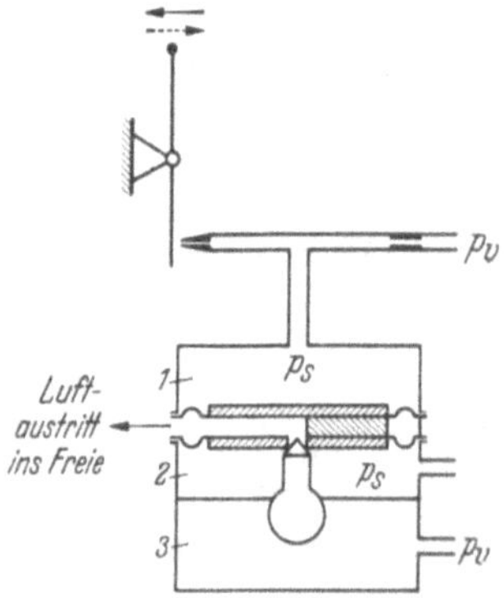

Bild 47.
Pneumatischer Verstärker (Transmitter)

sie oben beschrieben wurde, speist die obere Kammer 1 des Verstärkers unter dem Steuerdruck p_s. Der Kammer 3 wird Speisedruck p_v zugeführt. Bei Erhöhung des von der Düsensteuerung zugeführten Steuerdrucks p_s biegen sich die beiden Membranen, die zwischen den Kammern 1 und 2 angeordnet sind, nach unten durch und drücken den Dorn, der den zwischen den Membranen befindlichen Luftaustritt verschließt, nach unten. Die mit ihm verbundene Kugel läßt Druckluft in die mittlere Kammer 2 eintreten, bis der Druck in ihr und Kammer 1 gleich groß ist. Bei Sinken des von der Düsensteuerung in Kammer 1 zugeführten Drucks weichen die Membranen nach oben aus und geben die Öffnung des Luftaustritts frei, die der Dorn bis dahin verschlossen hatte, bis wieder die Drücke ober- und unterhalb der Membranen den gleichen Wert erreicht haben. Der der Kammer 1 zugeführte Druck wird in Kammer 2 im Verhältnis 1 : 1 „abgebildet". Kammer 2 mit dem dazugehörigen System ist aber so ausgebildet, daß der Druck größerer Rohrleitungsnetze dem oben zugeführten Steuerdruck in kurzer Zeit angeglichen werden kann. Hierdurch liegt eine einstufige Leistungsverstärkung vor. Ist die dem Druck der Kammer 1 ausgesetzte Membranfläche n-mal größer als die dem Druck der Kammer 2 ausgesetzte Membranfläche, liegt ein Druckverstärker vor, der auf den n-fachen Druck verstärkt, z. B. den kleinen Differenzdruck einer Meßblende auf einen höheren Geberdruck für den Eingang eines Druckreglers. — Derartige Anordnungen werden auch Membranventilen zur Kompensation der Reibung vorgeschaltet (Membranvorsteuerung, Stellrelais, Stellregler, „positioner"). Die Führungsgröße für den Stellregler ist der vom Hauptregler als Ausgangsgröße abgegebene Stelldruck.

d) Elektromechanische Regler

Elektromechanische Regler arbeiten mit elektrischen Meßwerken, die über ein mechanisches Glied in das Stellglied eingreifen, ohne Hilfskraft zu benötigen. *Bild 48* zeigt ein

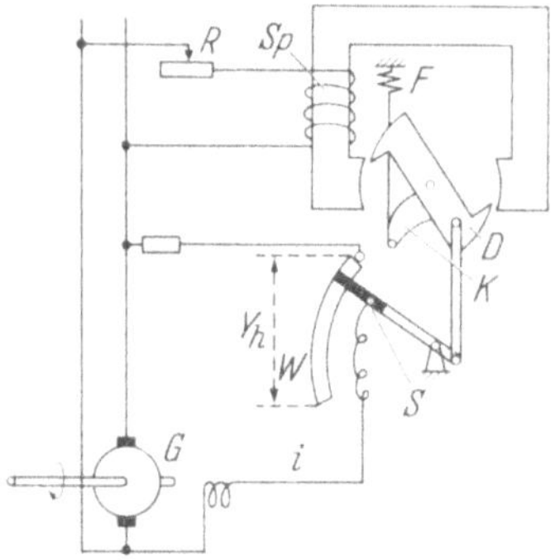

Bild 48.
Elektromechanischer Regler ohne Hilfskraft

Beispiel solcher Regler. Da sie vielfach zur Regelung der Spannung elektrischer Generatoren verwandt werden, ist ein Generator G als Regelstrecke gezeichnet. Die Regelgröße „Spannung" speist über einen Widerstand R (durch dessen

Verstellung der Sollwert verstellt werden kann) die Spule *Sp* eines Elektromagneten. Dieser zieht einen Drehanker *D* entgegen einer Federkraft *F* in das Magnetfeld. Bei größer werdender Generatorspannung wird der Drehanker links herum weiter hereingezogen, wobei die Federspannung vergrößert wird. Um das Drehmoment unabhängig von der Ankerstellung konstant zu halten, ist in der gezeigten Ausführung die Verbindung zwischen Drehanker und Feder über ein passend geformtes Kurvenstück *K* geführt, das bei Linksdrehung des Drehankers die größer werdende Federkraft unter Verkürzung des Hebelarmes angreifen läßt. Der Drehanker ist über ein Gestänge mit dem Schleifer *S* eines Schiebewiderstandes *W* verbunden, der das Stellglied für die Generatorerregung ist (die Endlagen des Schiebewiderstandes bestimmen den Stellbereich Y_h). Infolge der Konstanz des Federdrehmoments — innerhalb eines begrenzten Bereiches, der die Aufgaben bestimmt, die beherrscht werden können — ist ein Gleichgewicht zwischen dem elektrischen und dem Federdrehmoment bei Sollwert in jeder Winkellage gegeben. Jedem Winkel ist ein anderer Abgriff am Schiebewiderstand *W* zugeordnet. Der Regler verstellt als *I*-Regler so lange die Stellgröße, bis die Regelabweichung den Wert Null erreicht hat, der Sollwert also wiederhergestellt ist.

Die technischen Ausführungen dieser Regler unterscheiden sich insbesondere durch das Stellwerk. Eine sehr bekannte Ausführung ist der *Kohledruckregler*, bei dem der Drehanker nicht den Schleifer eines Schiebewiderstandes bewegt, sondern einen Druck auf eine oder mehrere parallelgeschaltete Kohlesäulen ausübt. Eine Kohleplättchensäule hat die Eigenschaft, daß ihr elektrischer Durchgangswiderstand sich bei Druckzunahme erniedrigt. Durch Gruppenschaltung werden bei bestimmten Geräten Widerstandsbereiche von etwa 1 : 300 und Verlustleistungen in den Kohlesäulen bis etwa 1,5 kW erreicht. — Eine andere ebenso bekannte Art ist der *Wälzregler*, der in verschiedenen Bauarten vorliegt. Bei diesem wird als Stellglied eine Kontaktbahn verwandt, die aus gegeneinander isolierten Lamellen besteht, zwischen denen fein unterteilte Widerstandsstufen angeschlossen sind. Die Kontaktbahn bildet die Innenseite eines ausgedrehten Bogens. Auf ihr wälzt sich ein kreissektorförmiger Bügel mit kleinerem Radius ab, dessen Spitze auf einer Druckfeder in geeigneter Weise gelagert ist und der vom Meßwerk gesteuert wird. Der Kreissektor schließt je nach seiner Lage einen mehr oder minder großen Teil der Stufenwiderstände kurz. Die mechanische Ausführung ist von hoher Präzision, besondere Maßnahmen bewirken äußerst niedrige Übergangswiderstände zwischen Sektor und Kontaktbahn sowie kleine Massenkräfte und weitgehende Reibungsfreiheit. Die Regler werden bis zu 4 Kontaktbahnen mit etwa 200 bis 300 Stufen gebaut.

Entsprechend der jeweiligen Bauart sind auch andere Meßwerke in Gebrauch, wie offene Solenoide mit schwebendem Kern, Drehfeldsysteme nach dem Ferrarisprinzip. Der Parallelbetrieb mehrerer selbsttätig geregelter Generatoren erfordert ein *P*-Verhalten der Regler, das durch eine Zusatzspannung im Meßkreis bewirkt werden oder durch ein anderes Meßwerk direkt gegeben sein kann. Natürlich gehören auch Rückführungen mit verschiedenem Zeitverhalten zu den normalen Ausrüstungen dieser Regler.

e) Elektronische Regler

Ein Bauelement besonders geringer Trägheit ist die Röhre. Für die Regeltechnik kann man sie als trägheitslos ansehen. Ebenso ist sie frei von Reibungen, Lose und Hysterese und arbeitet stetig und ohne Ansprechempfindlichkeit. In *Bild 49* ist eine prinzipielle Anordnung mit einem elektronischen Stellglied dargestellt. Es handelt sich um eine Drehzahlregelung eines Gleichstrommotors M. Die Regelgröße „Drehzahl“ wird durch den Tachodynamo TD als Meßumformer in eine Gleichspannung umgeformt, die einer Vergleichsspannung E_v, z. B. einer Batteriespannung, entgegengeschaltet ist. Die Differenz beider Spannungen liegt am Gitter der Hochvakuumröhre R. Da einer bestimmten Gitterspannung ein bestimmter Anodenstrom zugeordnet ist, hat diese Regeleinrichtung *proportionale Eigenschaften* (abgesehen von der Wirkung der aus r_1, r_2 und C bestehenden Schaltung).

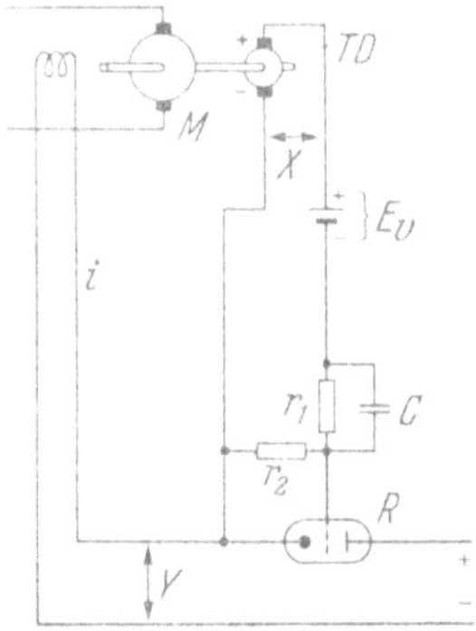

Bild 49. Röhrenregler

Bei Erhöhung der Drehzahl gelangt eine höhere Spannung an das Gitter, wodurch sich der Anodenstrom, d. h. der Erregerstrom i, erhöht, so daß die Drehzahl des Motors sinkt. Die zusätzliche Anordnung r_1, r_2 und C gibt dem Regler Vorhalteeigenschaften: Solange die Differenzspannung konstant bleibt, liegt am Gitter der Röhre nur ein Teil dieser Spannung nach Maßgabe der Spannungsteilung an den Widerständen r_1 und r_2. Bei schnellen Änderungen der Differenzspannung bedeutet der Kondensator C praktisch einen Kurzschluß für den Widerstand r_1, es liegt dann kurzzeitig die volle Spannung am Gitter der Röhre. Der Regler erhält hierdurch *PD-Verhalten*. Diese Schaltung ist ein Beispiel für ein Seriennetzwerk, das im Eingang des Verstärkers das dort eintreffende Signal, die Änderung der Regelabweichung, so modifiziert, daß der Ausgang *PD*-Verhalten zeigt. Eine vielfach bei Röhrenreglern angewandte Rückführung ist in § 9 (Bild 35) behandelt.

Bild 50 zeigt die Kennlinie einer Vakuumröhre (Elektronenröhre). Der Anodenstrom wird mit wenigen Volt negativer Gitterspannung ausgesteuert. Die Eingangsleistung ist verschwindend gering, so daß dem elektronischen Verstärker eine sehr hohe Leistungsverstärkung zukommt. Regeltechnisch wichtig ist die Spannungsverstärkung, die beispielsweise in einer Stufe 300 betragen kann. In vielen Schaltungen werden mehrstufige Regler verwandt, wobei es dann in der Endstufe auch auf eine Leistungsverstärkung ankommt.

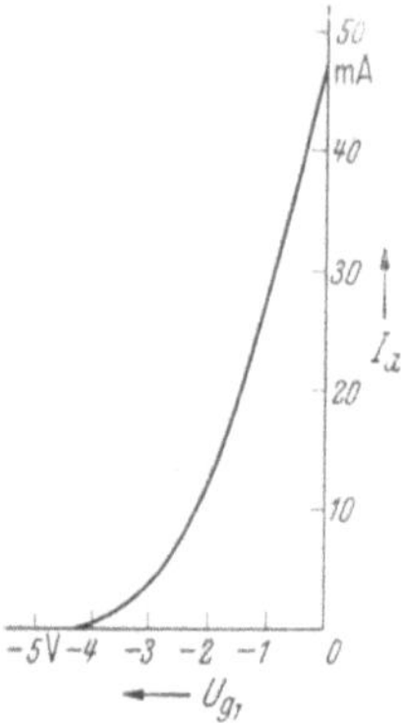

Bild 50.
Kennlinie einer Pentode

Für Endstufen kommen die Parallelschaltung einer Anzahl von Vakuumröhren sowie gitter- bzw. zündstiftgesteuerte Gasentladungsgefäße in meist mehrphasiger Schaltung einschl. Stromtore (Thyratrons) und Ignitrons in Frage. Als mittlere Lebensdauer von Vakuumröhren und Stromtoren werden Werte von mehr als 10000 Stunden angegeben, doch laufen in vielen Anlagen Röhren mit 20000 und mehr Betriebsstunden. Überdimensionierung in der Röhrenbestückung unter gleichzeitigen schalttechnischen Maßnahmen läßt die Gefahr kleinerer Lebensdauer, mit denen man im Einzelfall wie bei Glühlampen rechnen muß, eindämmen.

Die Gitter- bzw. Zündstiftspannung der Endstufen wird von einer Schaltung gesteuert, deren Momentanwirkung von Röhren der ersten Stufe kommandiert wird, deren Eigenschaften beispielsweise der Kennlinie von Bild 50 entsprechen. Die Schaltung wird so bemessen, daß möglichst der lineare Teil der Kennlinie ausgenutzt wird. Die Wirkung der mit Gasentladung arbeitenden Anordnungen kann man z. B. für eine dreiphasige Anordnung von Stromtoren aus *Bild 51* entnehmen (der ein Arbeiten auf eine stark induktive Be-

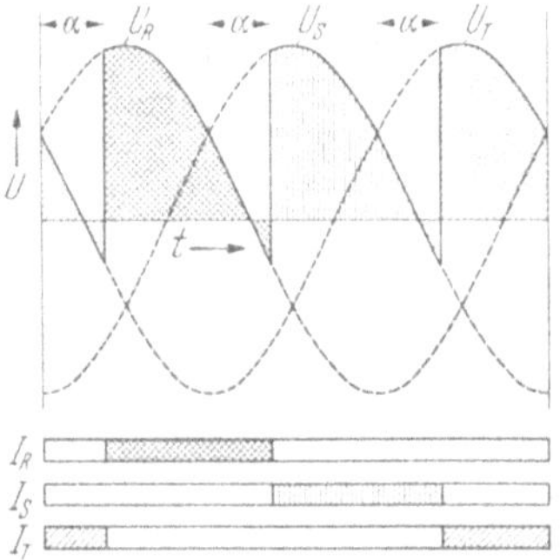

Bild 51. Arbeitsweise einer Stromtor-Endstufe

lastung zugrunde liegt). Die Röhren liegen an einer dreiphasigen Wechselspannung. Wenn man sie für jede positive Halbwelle neu zündet und den Zündpunkt je nach Bedarf vor- bzw. rückverlegt, entsteht im Ausgang der Gesamtanordnung eine Gleichspannung, deren Mittelwert sich aus der Integration der schraffierten Flächen ergibt. Die Zeiten der Stromführung in den von den Phasen R, S und T gespeisten Stromtoren sind unter der Darstellung des Spannungsverlaufes ebenfalls durch Schraffur gekennzeichnet (Zündverzögerungswinkel α). Für $\alpha = 0$ hat die Ausgangsspannung maximalen Wert, mit größer werdendem α wird die Ausgangsspannung kleiner. Man spricht auch von einer Zündwinkelsteuerung. Die Größe von α wird durch den momentanen Zustand der Vorstufe vorgeschrieben. Das Stromtor kann ab Zündmoment bis zum Nulldurchgang der Spannung gegenüber der Kathode nicht gelöscht werden. Es liegt gewissermaßen eine Totzeit vor, die jedoch keinen festen Wert hat, sondern vom Zündverzögerungswinkel abhängt und in der Größenordnung von nur einigen ms liegt. Dem hierdurch gegebenen unstetigen Verhalten kommt im allgemeinen keine praktische Bedeutung zu.

f) Regleranordnungen mit Maschinenverstärkern

Auch rotierende elektrische Maschinen werden als Verstärker in Regelkreisen verwandt, so daß eine solche Anordnung die Funktion eines „Maschinenreglers" versieht. *Bild 52*

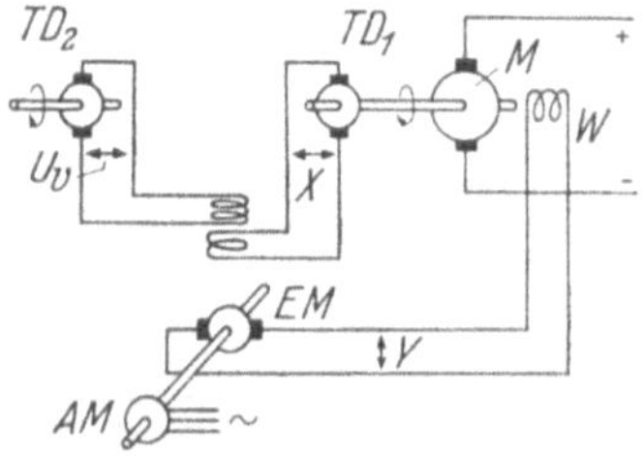

Bild 52. Maschinenregler

zeigt ein Beispiel. Die Drehzahl des Motors M wird von einem Tachodynamo TD_1 gemessen, der einen Strom als Meßgröße durch eine Erregerwicklung einer als Maschinenverstärker arbeitenden Erregermaschine EM schickt. Das differentielle Verhältnis der Leistung, die der Anker generatorisch abgibt, zu der wesentlich kleineren Leistung, die die Erregerwicklung aufnimmt, ist der Leistungsverstärkungsfaktor der Maschine. Da der Motor einem anderen Motor nachlaufen soll, liefert ein mit diesem gekuppelter Tachodynamo TD_2 die Vergleichsspannung U_v als Führungsgröße, die eine zweite Wicklung der Erregermaschine speist. Die Differenz beider Erregungen ergibt den Fluß der Erregermaschine, deren Ankerspannung die Stellgröße Y ist und die Erregerwicklung W des Motors speist. Bei Erhöhung seiner Drehzahl erhöht sich der von TD_1 abgegebene Erregerstrom und damit die Spannung der Erregermaschine, so daß der Strom in W steigt und infolgedessen die Drehzahl sinkt. Dieser „Maschinenregler" ist ebenso wie der Röhrenregler ein stetiger Regler und arbeitet in der soeben geschilderten einfachen Form als *P-Regler*. Für zusätzliche Einflüsse können weitere Erregerwicklungen und damit evtl. notwendige galvanische Trennungen vorgesehen werden.

Es wurden *zweistufige Verstärkermaschinen* geschaffen, sowohl in Form einer Kaskadierung von zwei Maschinen auf gleicher Welle als auch in Form einer Ineinanderschachtelung zweier Maschinen (ein Ständer, ein Läufer und 2 Bürstenpaare), die als Querfeldmaschine (Amplidyne, Rototrol usw.) bekannt sind. Als *Verstärkungsfaktoren* (Leistungsverstärkung) kommen bei einstufigen Verstärkermaschinen Werte von 20 bis 100 und darüber, bei zweistufigen Maschinen solche von 80 bis 2000 und darüber in Frage. In einer bestimmten Ausführung hat beispielsweise eine 1 kW-Maschine einen Verstärkungsfaktor 1000 bei einer Zeitkonstante von rund 100 ms.

g) Magnetische Regler

Ähnlich dem Maschinenverstärker wird der Magnetverstärker — auch *Transduktor* genannt — als Regelverstärker verwendet. Seine Wirkungsweise beruht darauf, daß mit Sättigungsdrosseln aus der zugeführten Wechselspannung eine gewisse *Spannungs-Zeit-Fläche* „herausgeschnitten", die abgegebene Spannung also gegenüber der zugeführten verkleinert wird. Die Größe der durch diese Verstärkerdrosseln herausgeschnittenen Fläche ist von der Vormagnetisierung der Drosseln mit Gleichstrom abhängig. Mit einer Vormagnetisierungsänderung ist eine Spannungs- bzw. eine Leistungsänderung gegeben. Die Leistung im Vormagnetisierungskreis beträgt nur einen Bruchteil der im Hauptkreis ausgesteuerten Leistung. Das Herausschneiden der Spannungs-Zeit-Fläche bewirkt ähnliche Verhältnisse wie beim gittergesteuerten Stromtor, Gleichrichter usw., die bis zur Zündung keinen Strom führen (vergleiche Bild 51). Man spricht daher auch hier von einer Zünd- bzw. Sättigungswinkelsteuerung.

Infolge des technisch hohen Standes der Fertigung magnetischer Werkstoffe und brauchbarer Gleichrichter kann der magnetische Regler heute auch für schnelle Regelungen eingesetzt werden. Gegenüber elektrischen Maschinen und Röhren unterliegt er keinem Verschleiß, hat keine Kontakte, Lager, Kommutatoren, keine Remanenz (in dem bei Maschinen gegebenen Sinne), keine Anheizzeit, kann also in rauhem Betrieb verwendet werden. Seine Nachteile liegen in seinem zeitlichen Verhalten, das ihm bei besonders hohen Schnelligkeitsforderungen Grenzen setzt. Bei größeren Anlagen, die einen höheren Aufwand vertragen, können diese Grenzen durch Verwendung höherer Frequenzen (z. B. 1000 Hz) als Hilfswechselspannung wesentlich hinausgeschoben werden.

Um eine Vorstellung von der baulichen Anordnung eines Magnetreglers zu geben, ist in *Bild 53* eine viel gebräuchliche

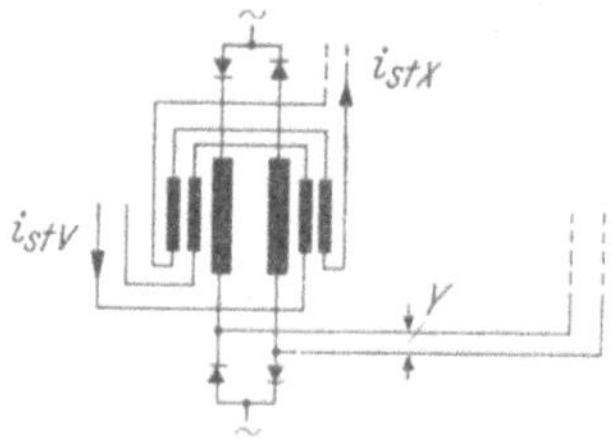

Bild 53. Magnetregler

Schaltung gezeigt, die der gleichen Aufgabe angepaßt ist, die dem Maschinenverstärker in Bild 52 zugrunde lag. Es ist eine einphasige Schaltung für Gleichstromabgabe mit Selbstsättigung. Sie besteht aus zwei magnetischen Bauelementen — von denen jedes nach Art eines Einphasentransformators aufgebaut ist und eine Hauptwicklung sowie eine oder mehrere (hier zwei) Steuerwicklungen hat — und aus Gleichrichtern. Der Hauptstromkreis liegt an einer Wechselspannungsquelle (50 Hz oder z.B. auch 1000 Hz). Die beiden Steuerwicklungen werden wie in Bild 52 von zwei Tachodynamos gespeist und sind in ihrer Wirkung gegeneinander geschaltet (Steuerströme i_{stX} und i_{stV}). Die Differenz der Ströme bestimmt die Höhe der Vormagnetisierung und damit den Zündmoment. Der gleichgerichtete Hauptstrom fließt als Stellgröße Y der Wicklung des Motors zu.

Zur Erzielung hoher Güte stehen verschiedene Mittel zur Verfügung: die Wahl des Kernmaterials (für kleine Leistungen auch das teurere Nickeleisen), die Wahl einer geeigneten Schaltung (Sättigungsschaltung wie in Bild 53; Aufteilung auf mehrere Stufen, wobei die Zeitkonstanten der Stufen zur Erzielung optimaler Verhältnisse unterschiedlich sein können) und die Verwendung höherer Frequenzen. Durch Vorschalten eines Ohmschen Widerstandes läßt sich die Zeitkonstante des Steuerkreises verkürzen, wobei das Produkt von Steuerleistung und Zeitkonstante (Dimension *Ws*) in erster Näherung konstant bleibt. Man kann für Magnetverstärker von 50 mW bis 2 W mit 1 bis 10 μWs und von 10 W bis 3 kW mit 0,01 bis 2 Ws rechnen. Beispiele: ein dreistufiger 50 Hz-Magnetverstärker von 60 W Ausgangsleistung mit einer Eingangsleistung von 10^{-6} W (Leistungsverstärkungsfaktor $6 \cdot 10^7$) und einer Ansprechzeit von etwa 1 sec, wobei der Begriff „Ansprechzeit" das gesamte Eigenzeitverhalten erfaßt; ein mit 1000 Hz gespeister dreistufiger Magnetverstärker von 20 kW mit einer Eingangsleistung von 2 mW (Leistungsverstärkungsfaktor 10^7) und einer Ansprechzeit von 19 ms beim Schalten von 0 auf 20 kW, von 12 ms beim Schalten von 20 kW auf 0.

h) Regler in Wechselstromschaltung

Die behandelten elektrischen Regleranordnungen benutzten im Meßkreis Gleichspannungen und Gleichströme. Genau so kann man auch Wechselspannungen verwenden, ohne daß hinsichtlich des funktionellen Arbeitens ein Unterschied vorläge. Hierbei werden als kontaktlose Abgriffe Transformatoren mit verstellbarem Übersetzungsverhältnis verwendet, die verschiedener Bauart sein können und auch induktive Geber genannt werden. *Bild 54* zeigt als Beispiel zwei gegeneinander geschaltete induktive Geber, die je als Doppeltransformatoren mit gemeinsamer verschiebbarer Sekundärwicklung aufgebaut sind und in einer Regelschaltung als Sollwert- und Istwertgeber arbeiten. Jeder Geber hat seine eigenen Primärwicklungen W_{p1} und W_{p2}, die sämtlich von derselben Hilfswechselspannungsquelle gespeist und damit von gleich großer Spannung in gleicher Phasenlage erregt werden. Im einzelnen Geber sind die Flüsse der beiden Transformatoren in den Schenkeln, die mit der Sekundärwicklung W_s verkettet sind, im gleichen Zeitmoment entgegengesetzt gerichtet, wie die Pfeile andeuten. In Mittelstellung der Sekundärwicklung heben sich die Flußwirkungen auf sie auf. Bei Verschiebung aus der Mittellage gewinnt der eine Fluß Übergewicht, so daß

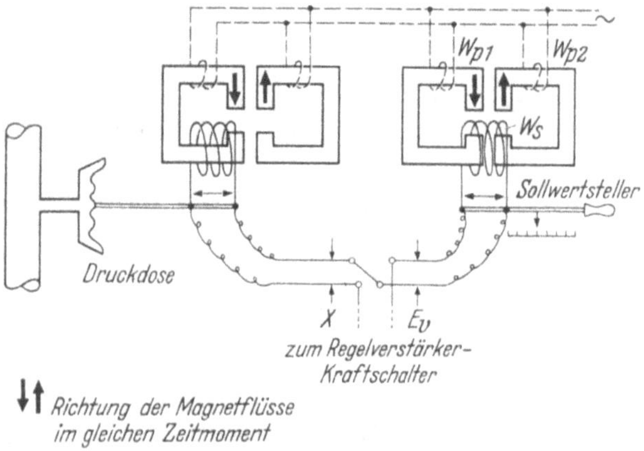

Bild 54. Reglerelemente in Wechselstromschaltung

in der Wicklung eine Wechselspannung induziert wird, die mit zunehmender Verschiebung für einen bestimmten Bereich etwa linear ansteigt und positives bzw. negatives Vorzeichen hat, je nachdem die Verschiebung nach links oder rechts erfolgt. Die Differenz der Sekundärspannungen des Sollwert- und Istwertgebers arbeitet genau wie in anderen Regleranordnungen über einen Regelverstärker auf das Stellglied. Durch weitere Geber können andere Beeinflussungen eingeführt werden. Da die Spannungen der Sekundärspulen primär von derselben Hilfsspannung erregt werden und daher gleiche Phasenlage haben, werden genaue Additionen bzw. Subtraktionen vorgenommen.

Andere Ausführungsarten verwenden *induktive Geber*, die nicht in Längsrichtung, sondern infolge ihres motorähnlichen Aufbaues *durch Drehung verstellbar* sind; z.B. hat der Ständer eine dreiphasige Wicklung, wird jedoch im normalen Fall von einer einphasigen

Hilfsspannung gespeist, wobei die Schaltung der Wicklungen so ist, daß ein raumfestes Wechselfeld entsteht. In diesem Feld liegt der Läufer mit einer einphasigen Wicklung, die eine Spannung abgibt, die in einer bestimmten Lage des Läufers den Wert Null hat und bei Verdrehung aus dieser Lage proportional ansteigt (positiv bzw. negativ, proportional in bestimmtem Bereich). Die der Regelabweichung proportionale Geberspannung verstellt über einen elektronischen Regelverstärker einen Wechselstromstellmotor spezieller Bauart, so daß es sich um eine kontaktlose stetige *I*-Regelung handelt. Ein mit dem Stellmotor gekuppelter Geber, dessen Läuferspannung im Eingangskreis des Regelverstärkers in Serie eingeführt ist, würde der Regleranordnung *P-Verhalten* geben. Zur Erzielung eines *PI-Verhaltens* ist noch die Spannung eines Integrators zuzusetzen, z. B. eines Scheibeninduktionsmotors, wie er in der Zählertechnik bestens bekannt ist, und einem Geber. Die eine der beiden Spulen dieses Motors liegt über einem Kondensator (90° Phasenverdrehung) am Wechselstromhilfsnetz, während die zweite Spule von der Regelabweichung gespeist wird. Der Drehweg des Motors ist proportional dem Zeitintegral der Regelabweichung, so daß der mit ihm gekuppelte Geber eine dem Integral proportionale Spannung in den Eingangskreis gibt. Derselbe Zusammenbau ermöglicht in einer anderen Schaltung, Differenzierimpulse dem Eingangskreis hinzuzufügen (deren Form etwa dem Differenzierimpuls in Bild 25 entspricht) und damit dem Regler *D-Verhalten* zu geben.

§ 14. Unstetige Regler

(s. insbesondere Oldenbourg und Sartorius)

a) Zweipunktregler

Der typische Vertreter des unstetigen Reglers ist der Zweipunktregler, der nur zwei Werte der Stellgröße einstellen kann. Die Einfachheit des ihm zugrunde liegenden Gedankens hat ihm ein weites Anwendungsgebiet gesichert. Infolge der großen Zahl von Aufgaben, für die er verwendet wird, liegen die verschiedensten Ausführungsformen vor. Die moderne Technik hat *Präzisionsgeräte* geschaffen, die Meisterstücke der Mechanik sind und in fertigungstechnischer Hinsicht nicht als primitive Geräte angesprochen werden können. Als Beispiel dieses Reglertyps wollen wir einen Temperaturregler betrachten. Ein Kontaktpaar schalte eine elektrische Heizwicklung ein bzw. aus. Im ersten Fall wird eine Wärmeenergie zugeführt, die für den Sollwert der Temperatur viel zu groß ist, im zweiten Fall wird überhaupt keine Energie zugeführt, so daß ein Unterschuß gegeben ist. *Wesentlich* für das Vorliegen einer selbsttätigen Regelung ist auch hier, daß die zu regelnde Größe, die auf die das Kontaktpaar betätigende Einrichtung wirkt, durch das Schalten eine Rückwirkung erfährt, so daß der geschlossene Regelkreis vorliegt.

Der dauernde Wechsel zwischen zwei Stellungen hat dem Regler seine verschiedenen Bezeichnungen gegeben: *Zweipunktregler*, *Ein-Aus-Regler*, Auf-Zu-Regler, Schwarz-Weiß-Regler. Der Wert der Stellgröße, den der Sollwert für einen bestimmten Beharrungszustand vorschreibt, kann nicht eingestellt werden. Es ist daher nur möglich, die Stellgröße zwischen den beiden Einstellwerten derart hin- und herpendeln zu lassen, daß sich ein *Mittelwert* ergibt, der dem erwünschten Beharrungszustand entspricht. Als Kontaktanordnung, die das Ein- und Ausschalten bewirken, kommen verschiedenste Vorrichtungen in Betracht. Ausdehnungsstäbe, die einen mechanischen Kontakt schließen oder auch einen Quecksilber- oder Vakuumschalter betätigen, Quecksilberthermometer, deren Quecksilberfaden auf Kontakte arbeiten, Bimetallschalter u. ä. sind Beispiele. Die Ein- und Ausschaltwerte können einstellbar sein. Sie können aber auch dadurch gegeben sein, daß ein Schaltgerät bei einem Wert öffnet, der unter dem liegt, bei dem es geschlossen hatte (*Ansprechempfindlichkeit*).

Das zeitliche Verhalten einer solchen Regelung ist in *Bild 55* dargestellt. Angenommen ist, daß die Übergangsfunktion der Regelstrecke exponentiell verläuft und der Einschaltvorgang dieselbe Zeitkonstante T_S wie der Ausschaltvorgang hat, was durchaus nicht die Regel ist. Wir beginnen mit dem Regelvorgang, der durch den Sollwert X_{K1} gegeben ist, der in der Mitte des Einstellbereiches liegt. Die Regelgröße folgt der exponentiell ansteigenden Kurve, die für die Zeit des Inbetriebgehens gestrichelt gezeichnet ist, erreicht im Schnittpunkt mit der mit X_{aus} bezeichneten Horizontalen den Moment, in dem die Heizwicklung ausgeschaltet wird, und sinkt bis zu der mit X_{ein} bezeichneten Horizontalen, die dem Wert entspricht, in dem die Heizwicklung wieder zugeschaltet wird. Der zwischen X_{aus} und X_{ein} hin- und herpendelnde Verlauf ist ausgezogen gezeichnet. $^1/_2$ ($X_{aus} - X_{ein}$) ist die *Über-*

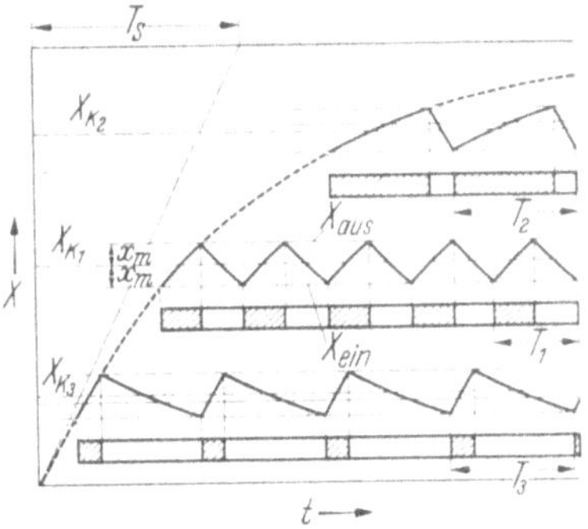

Bild 55. Zweipunktregler, zeitliches Verhalten

schwingweite x_m. Der Mittelwert liegt in der Mitte zwischen X_{aus} und X_{ein}, da für X_{K1} die sägeblattförmige Kurve aus den mittleren Stücken der auf- und abfallenden Exponentialkurven besteht, und ist gleich dem Sollwert, wenn wir die Mitte zwischen X_{aus} und X_{ein} als Sollwert ansehen. Verstellen wir den Sollwert auf X_{K2} oder auf X_{K3}, so entstehen Kurven von veränderter Sägeblattform, deren Verlauf ohne Erklärungen verständlich sein dürfte. Für beide Fälle wurde dieselbe Spanne zwischen X_{aus} und X_{ein} zugrundegelegt. Der Mittelwert des Kurvenverlaufs ist strichpunktiert eingezeichnet. Man sieht, daß er für X_{K2} über und für X_{K3} unter der Mitte von X_{aus} und X_{ein} liegt, so daß eine *Proportionalabweichung* gegeben ist. Bei Änderung der die Heizwicklung speisenden Spannung werden andere Exponentialkurven wirksam, so daß für gleichen Sollwert andere Abschnitte Teilstücke der Sägeblattkurven sind. So besteht dann z. B. auch für X_{K1} die Sägeblattkurve nicht mehr aus den mittleren Stücken der Exponentialkurven, so daß Mittelwert und Mitte von X_{aus} und X_{ein} nicht mehr übereinstimmen, sondern eine P-Abweichung auftritt (Übereinstimmung besteht für einen anderen Sollwert). Entsprechendes gilt für eine Laständerung, d. h. für eine veränderte Wärmeabfuhr.

Unter den Sägeblattkurven sind in einer balkenartigen Darstellung die Einschaltzeiten schraffiert und die Ausschaltzeiten durch Leerräume dargestellt. Die Periodendauer T_1 ist für X_{K1} am kleinsten, die zugehörige Frequenz am größten. Nach oben und unten nimmt die Frequenz ab, bis sie für $X_K = 0$ und $X_K = X_{max}$ den Wert Null erreicht. Auch Spannungs- sowie Laständerungen haben Frequenzänderungen zur Folge. Eine Verringerung der Schaltspanne $X_{aus} - X_{ein}$ bewirkt ein häufigeres Schalten. $X_{aus} - X_{ein} = 0$ würde eine unendlich hohe Schaltfrequenz, aber auch eine unendlich genaue Regelung ohne Überschwingweite ergeben. Die Erhöhung der Schaltfrequenz und die damit verbundene Abnutzung der Schaltorgane bzw. die Aufwendigkeit der Konstruktion und des Materials ist der Preis, der für eine schnellere und genauere Regelung bezahlt werden muß. — Eine Trägheit der Regelstrecke ist hier für den Zweipunktregler notwendig. Daß im übrigen auch die Trägheit der massenbehafteten beweglichen Teile hinsichtlich des Regelvorganges eine bedeutsame Rolle spielen kann, liegt auf der Hand.

Bild 56 liegt eine Regelstrecke mit zusätzlicher Totzeit

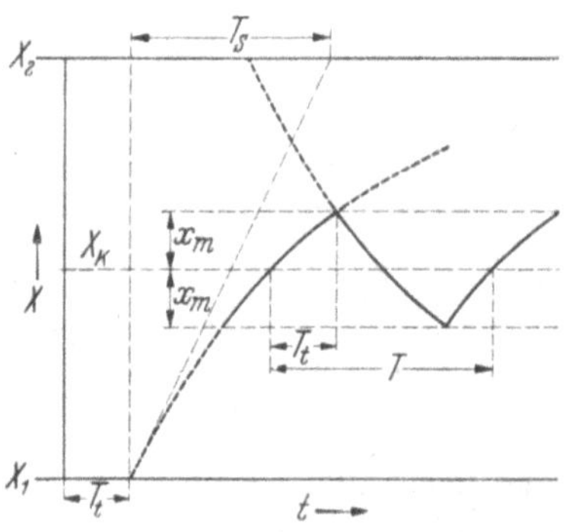

Bild 56. Zweipunktregler, Regelstrecke mit Verzögerung und Totzeit

zugrunde. Der Zweipunktregler habe große Ansprechempfindlichkeit, die Spanne $X_{aus} - X_{ein}$ sei sogar vernachlässigbar klein, so daß das Schaltorgan praktisch beim Sollwert X_K sowohl ein- als auch ausschaltet. Die Übergangsfunktion ist durch die Totzeit T_t und die Zeitkonstante T_S bestimmt. Es seien zwei Heizwicklungen vorhanden, von denen die eine Wicklung Dauerhei ung mit der Endtemperatur X_1 gibt (Grundlast), während die andere vom Regler geschaltet wird und bei Dauereinschaltung die Endtemperatur X_2 bewirkt. Im Moment $t = 0$ werde diese zweite Wicklung in Betrieb gesetzt. Die Regelgröße behält zunächst für die Zeit T_t den Wert X_1, um dann exponentiell mit der Zeitkonstante T_S zu steigen. Bei Erreichen des Sollwertes X_K schaltet das Schaltorgan aus. Aber erst nach Verlauf der Zeit T_t kann sich das Fehlen der Zusatzheizleistung am Meßort der Regelgröße bemerkbar machen. Das Ansteigen der Regelgröße bricht ab, es setzt ein plötzliches Sinken der Regelgröße ein. Beim Durchgang durch den Sollwert wird von neuem eingeschaltet, was auch hier erst nach der Zeit T_t erneutes Steigen der Regelgröße bewirkt. Die Regelgröße schwankt mit einer Überschwingweite x_m und einer Periodendauer T um den Sollwert, und dies, obwohl die Ansprechempfindlichkeit hier unendlich groß ist. Das Überschwingen erhöht sich bei endlicher Ansprechempfindlichkeit. Es ist um so größer, je steiler die Exponentialkurve, je größer auch die Spanne $X_2 - X_1$ ist. Es ist daher wichtig, letztere nur so groß zu wählen, wie es im Hinblick auf die auftretenden maximalen Störgrößen erforderlich ist).[1]

Den heutigen hohen Stand der Technik des Zweipunktreglers möge der Hinweis auf seine *Verwendung in vielen Haushaltgeräten* .beleuchten. Erst durch Hinzunahme der Regelung ist es möglich geworden, Solltemperaturen in Stufen einzustellen und dabei kleine Toleranzen zu halten, so daß erst damit die erforderliche Sicherheit für den jeweiligen Gebrauch geschaffen werden konnte.

---

[1]) Zu den Zweipunktreglern gehören auch Zentrifugal-Kontaktregler für Drehzahlregelungen elektrischer Maschinen, die auf Helmholtz zurückgehen. In Ausführungen, in denen die Schwerkraft eine Rolle spielt, sind bereits Verhältnisse wie bei der unter d) behandelten Regelung gegeben.

b) Relaisregler in Brückenschaltung

Bei vielen Regleranordnungen wird die Messung der Regelgröße und die Bildung der Regelabweichung mittels einer Brückenschaltung (einer Wheatstoneschen Brücke) vorgenommen. Dies ist keine spezifische Eigenart in der Anwendung unstetiger Regler. Wir haben bereits beim elektropneumatischen und elektrohydraulischen Regler, die stetige Regler sind, darauf hingewiesen, daß von einer Brückenschaltung Gebrauch gemacht sein kann. Hier wollen wir mit der Besprechung der Brückenschaltung gleichzeitig eine Reglerart behandeln, die unter die unstetigen Regler aufzunehmen ist. *Bild 57* zeigt eine prinzipielle Anordnung, bei der als Meßsystem ein *polarisiertes Relais* im Diagonalzweig einer Meßbrücke liegt, die im unteren Teil des Bildes gezeichnet ist, während in einer zweiten Brücke (oben) eine thermische Rückführung liegt. Die Meßbrücke besteht aus zwei Widerstandszweigen, von einer gemeinsamen mit + und − bezeichneten Spannungsquelle gespeist, die für bestimmte Regelaufgaben auch stabilisiert wird. Der eine Zweig ist eine Serienschaltung aus zwei festen Widerständen r_1 und r_2 sowie einem Potentiometer b, der andere Zweig eine solche aus einem verstellbaren Widerstand s, mit dem der Sollwert verstellt werden kann, und einigen Widerständen I bis III, die zur Istwertbildung dienen und von denen wir zunächst nur den Widerstand I als vorhanden ansehen wollen. Beide Zweige sind oben über einen veränderlichen Doppelwiderstand a zusammengeführt. Die Meßwicklung W_1 des polarisierten

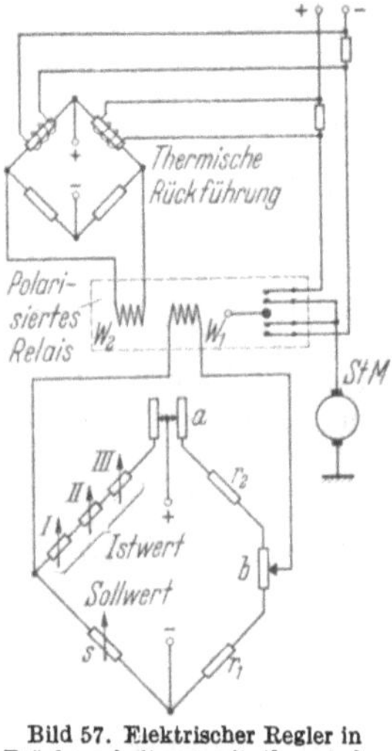

Bild 57. Elektrischer Regler in Brückenschaltung mit thermischer Rückführung

Relais liegt im Diagonalzweig der Brücke. Die Wicklung W_2 sei zunächst nicht angeschlossen. Wir nehmen an, daß I ein Widerstandsthermometer ist. Wenn sich sein Widerstandswert ändert, fließt durch die Meßwicklung W_1 ein Strom, der das polarisierte Relais ansprechen und Kontakt geben läßt, wodurch die elektrische Hilfskraft geschaltet wird. Der Stellmotor *StM* — Stellmotoren werden auch *Servomotoren* genannt — läuft in der einen oder anderen Richtung und verändert die Stellgröße, bis die auf den Widerstand I einwirkende Temperatur wiederhergestellt ist. Dann wird der Diagonalzweig der Brücke wieder stromlos, weil die Punkte, an denen die Wicklung angeschlossen ist, wieder gleiches Potential haben. Das Relais fällt ab, der Stellmotor bleibt stehen.

Die *Einstellung der Stellgröße* erfolgt *stetig*, da jeder beliebige Wert eingestellt werden kann. Die Stellgeschwindigkeit ist jedoch nicht proportional der Regelabweichung, sondern hat nur zwei Werte, entweder den Wert Null (innerhalb der Ansprechgrenzen des Relais) oder einen konstanten Wert als Folge des Ansprechens des Relais, wobei wir die Rechts- und Linksanschläge qualitativ gleich bewerten, da sie das gleiche Zweipunktverhalten zeigen. Natürlich kann man auch von einem *Dreipunktregler* sprechen. Die Messung erfolgt ununterbrochen, wirkt sich aber nur in Ansprechen oder Nichtansprechen des Relais aus. Der Regler ist ein *I-Regler*, da der Stellmotor nur bei Wiederherstellung der Regelgröße (mit dem geringen Fehler, der durch die Ansprechempfindlichkeit des Relais und des Stellmotors gegeben ist) zur Ruhe kommt.

Die elektrische Brücke hat eine ganze Anzahl besonderer *Vorteile*. Zunächst einmal ist es eine sehr einfache Maßnahme, die Brückenwiderstände gegen im Sonderfall passendere auszutauschen. Bei Vorhandensein der verstellbaren Bauteile a und b kann man durch einen Handgriff Veränderungen der Charakteristik des Sollwertstellers vornehmen. Von weiterer Bedeutung ist, daß sich auf leichte Weise andere Abhängigkeiten in die Regelung einführen lassen. Um dies anzudeuten, ist in Bild 57 die Istwertbildung durch drei Glieder I bis III vorgenommen. Hierdurch kann man z. B. bei Kesselregelungen die Änderungen mehrerer Kohlezuteiler oder die Auswirkung verschiedener Brennstoffarten erfassen. Dies kommt auf eine Regelung hinaus, die auf die Summe mehrerer Meßwerte regelt. Man spricht dann auch von der Bildung von *Mischimpulsen*. Hierher gehört auch die in § 12b behandelte *Störwertaufschaltung*. Bei der Verwendung von polarisierten Relais als Meßwerk besteht auch die Möglichkeit, mehrere Wicklungen anzuordnen, so daß eine galvanische Trennung der Kreise möglich wird, von denen zusätzliche Beeinflussungen ausgehen sollen, wie wir hinsichtlich der Einführung einer Rückführung noch zeigen werden.

Als Meßwerk kommen auch andere Geräte in Frage. Galvanometer, Kreuzspulmeßwerke und Tauchspulensysteme sind Beispiele. Die Brücke kann auch verschieden aufgebaut sein. Oft werden Thermoelemente als Meßfühler ebenfalls in den Diagonalzweig gelegt, wobei das Meßgerät dann in Nullstellung kommt, wenn die Spannungsdifferenz der Brückeneckpunkte (zwischen denen der Diagonalzweig liegt) und die Thermoelementspannung sich gegenseitig aufheben. Auch können Rückführelemente in den Diagonalzweig oder in die Außenzweige gelegt werden. Als veränderliche Abgriffe kommen außer Potentiometern auch Ringrohre in Betracht, die mit mechanischen Meßfühlern gekoppelt sind und von diesen gedreht werden, wobei ein im Innern befindlicher Widerstandsdraht von Quecksilber mehr oder weniger weit kurzgeschlossen wird.

In Bild 57 ist zusätzlich eine *thermische Rückführung* vorgesehen, die sich ebenfalls einer Brückenschaltung bedient und deren Wirkung sich in galvanischer Trennung der Wirkung des Meßkreises überlagert. Diese Rückführung ist eine nachgebende. Sie ist bei Verwendung derartiger integral wirkender Regleranordnungen notwendig, wenn sie auf Regelstrecken mit Anlaufzeit arbeiten sollen, um eine bestimmte Stellgeschwindigkeit ohne Überregeln wählen zu können. Ihre Wirkung täuscht dem Meßwerk ein schnelleres Erreichen des Sollwertes vor, so daß die Verstellung des Stellgliedes frühzeitiger abgebrochen wird. Zwei Widerstände der Rückführbrücke besitzen Heizwicklungen. Je nachdem, ob sich der Stellmotor im Rechts- oder Linkslauf befindet, wird der eine oder der andere Widerstand aufgeheizt, weil gleichzeitig mit dem Einschalten des Motors auch eine der

Heizwicklungen eingeschaltet wird. Hierdurch verstimmt sich die Brücke und läßt Strom durch die Wicklung W_2 fließen. Die Polung ist so vorgenommen, daß dem Relais das Erreichen des Sollwertes vorzeitig angezeigt wird. Die durch das Eingreifen der thermischen Rückführung gegebenen Stellgliedspiele bewirken mit größer werdender Regelabweichung eine immer kräftigere Verstellung des Stellgliedes, bis bei Erreichen einer bestimmten Regelabweichung das Stellglied ununterbrochen läuft und damit die schnellstmögliche Verstellung gibt. Wenn auch die Geschwindigkeit des Stellmotors nur einen konstanten Wert hat, so ist doch die Wirkung dieser von der Größe der Regelabweichung abhängigen Spiele so, als ob im Mittel der Zeiteinheit eine anwachsende Stellgeschwindigkeit vorläge.

Die regeltechnische Bezeichnung dieses Reglers mit thermischer Rückführung ergibt sich, wenn man eine sprunghafte Veränderung der Regelgröße vornimmt und aufrecht erhält. Der Schaltkontakt ist ein Verstärker hohen Grades und wirkt als Vorwärtsglied im Sinne von § 9. Die Übergangsfunktion der thermischen Rückführung, die gleichzeitig mit dem Kontakt geschaltet wird, ist die des Rückwärtsgliedes und wirkt als *P*-Glied mit Verzögerung (exponentieller Anstieg). Ein solcher Regler ist gemäß § 9c ein *PD*-Regler. Hinter dieser Gegeneinanderschaltung liegt der Stellmotor, dessen Wirkung eine Integration des *PD*-Verhaltens ist, so daß die Gesamtanordnung *IP-Verhalten* zeigt (bzw. *PI*-Verhalten nach der derzeitigen Terminologie). Zeitkonstante der Rückführung und Stellgeschwindigkeit, die ja das Maß des *PI*-Verhaltens bestimmen, müssen dem Charakter der Regelstrecke angepaßt werden. Durch entsprechend ausgebildete Rückführungen läßt sich auch ein *PID*-Verhalten erreichen.

c) Schrittregler

Beim *ausschlagabhängigen Schrittregler* wird die Meßanordnung zur Messung der Regelabweichung in periodischen Zeitabständen für eine bestimmte Zeitdauer freigegeben — die Regelabweichung „getastet" — und eine Stellgliedverstellung durch einen Stellmotor vorgenommen, die in Stufen um so größer ist, je größer die gemessene Regelabweichung ist. Das periodische Tasten bedeutet eine *Unstetigkeit in Bezug auf die Zeit.* Die Staffelung der Einschaltdauer des Stellmotors in Abhängigkeit von der Größe der Regelabweichung ist als Zunahme der zeitlich gemittelten Stellgeschwindigkeit anzusehen. *Bild 58* zeigt das Schaltwerk eines solchen Schrittreglers. Der Zeiger Z eines empfindlichen Galvanometers, das im Diagonalzweig einer Brücke liege, ist mit einem Druckstück D versehen. Die Kurvenscheibe K wird von einem (nicht gezeichneten) Motor dauernd gedreht. Dabei drücken die drei Stufen der Kurvenscheibe periodisch den Druckbügel B nach oben. Dieser klemmt das Druckstück D des Zeigers, wenn er nicht in der Mitte steht, gegen eine der Wippen W_1 und W_2, so daß sich Zeiger und Wippe nach oben bewegen. Die Wippen sind ebenfalls stufenförmig ausgebildet. Auf ihnen befinden sich Quecksilberschalter Q_1 und Q_2, die beim Anheben der Wippe Kontakt geben. In der im Bild gezeichneten Stellung ist der Zeiger so weit ausgeschlagen, daß sich sein Druckstück unter der äußersten Stufe der rechten Wippe befindet und daß daher bereits die erste Stufe der Kurvenscheibe die Wippe anheben und Kontaktgabe veranlassen konnte. Die beiden folgenden Stufen der Kurvenscheibe heben die Wippe noch höher. Die Quecksilberschalter sind in diesem Beispiel so beschaffen, daß auch für diese Stufen Kontaktgabe besteht. Der Stellmotor ist daher für die Zeitdauer der drei Stufen der Kurvenscheibe eingeschaltet, so daß die mittlere Stellgeschwindigkeit am größten ist. Befindet sich aber der Zeiger in Mittellage, bewegt sich das Druckstück D in einem freien Spalt zwischen den beiden Wippen.

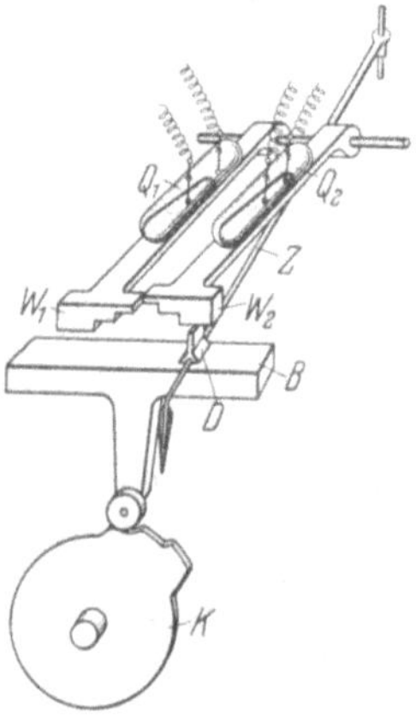

Bild 58.
Schaltwerk des Schrittreglers

Die Regelgröße besitzt ihren Sollwert, der Stellmotor wird nicht geschaltet. Außerhalb der drei Stufen der Kurvenscheibe kann der Stellmotor nicht in Tätigkeit treten, eine Befehlsgabe der Meßgröße an das Stellglied ist nicht möglich. Diese Reglerart ist weit verbreitet und hat sich in geeigneten Anlagen sehr bewährt. Das integrale Verhalten des Reglers kann ebenso wie in anderen Fällen durch Rückführungen in ein *PI*- bzw. *PID*-Verhalten abgewandelt werden.

Die Ansprechempfindlichkeit eines empfindlichen Galvanometers liegt in der Größenordnung von 10^{-5} V, die Schaltleistung eines Quecksilberschalters bei 1 bis 2 kW, so daß eine hohe Leistungsverstärkung von etwa 10^{14} gegeben ist. Diese hohe Verstärkungsziffer hat aber nichts mit der Kreisverstärkung im Regelkreis zu tun, die den Regelfaktor bei *P*-Regelung bestimmt (s. § 4). Der Mechanismus des Schrittreglers setzt hinsichtlich der Arbeitszeiten Grenzen. Eine bestimmte Stellgenauigkeit (z. B. von 2% des Stellbereiches) begrenzt die Stellzeit der untersten Stufe. Die Quecksilberkipppröhrchen lassen eine bestimmte Kontaktzeit nicht unterschreiten. Der Zeiger benötigt nach Aufhebung seines Festklemmens durch die Stufen der Kontaktscheibe eine gewisse Zeit, bis sich der neue Wert eingespielt hat. Die praktisch erreichbaren Zeiten variieren je nach der vorliegenden Konstruktion. Als Anhalt kann man mit *Abtastperioden* von 3 bis 30 sec rechnen. Als untere Grenze der Stellzeit für den ganzen Stellbereich kann man einen Wert von 50 ... 100 sec annehmen.

Wenn die Abtastperiode gegenüber den Zeitwerten der Regelstrecke kurz ist, kommt die Regelung mittels Schrittregler derjenigen mittels eines stetigen Reglers sehr nahe. Dies ist etwa der Fall, wenn die zu regelnden Vorgänge nicht schneller als das 10-fache der Abtastperiode sind.

d) Zweipunktregelung eines Kraftschalters

Bild 59 gibt ein Beispiel eines fremdgesteuerten Vibrationsreglers, dessen Arbeitsweise leichter als die des selbsterregten Vibrationsreglers zu übersehen ist. Eine etwa von einem Synchronmotor angetriebene Exzenterscheibe S hebt und senkt im Takte ihrer Umdrehungszahl den im linken Endpunkt drehbaren Hebel H_1. Hierbei werden periodisch die Kontakte

K_1 und K_2 eines Schalters geöffnet und geschlossen. In der Zeichnung befindet sich der Kontakt K_2 in Mittellage, da der Hebel H_2, der von einem Meßwerk M gedreht werden kann,

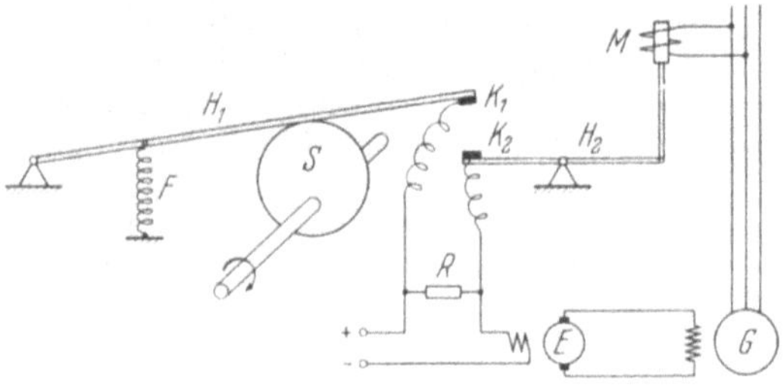

Bild 59. Fremdgesteuerter Vibrationsregler

horizontal liegt. In dieser Stellung ist die Schließ- und Öffnungsdauer gleich groß, der Vorwiderstand R des Erregerkreises der Erregermaschine für gleich lange Zeiten geöffnet und geschlossen. Der sich einstellende Erregerstrom pulsiert wie bei dem unter a) behandelten Regler (im Takte der Umdrehungszahl des Exzenters), sein Mittelwert wird durch die Größe von R bestimmt. In der Mittelstellung von K_2 bewege sich der Momentanwert des Stromes auf mittleren Abschnitten von Exponentialkurven. Den Pulsationen des Erregerstromes entsprechen Pulsationen der Erregerspannung des Generators G sowie in Auswirkung dieser auch Pulsationen seiner Ankerspannung. Da die Zeitkonstante des Generatorerregerkreises groß gegenüber der Schaltperiodendauer ist, sind die Pulsationen der Generatorspannung quantitativ so geschwächt, daß sie als praktisch unwesentlich angesehen werden und vielfach von einer „stetigähnlichen" Regelung oder von einer „Stetigregelung der Generatorspannung bei Zweipunktregelung im Feldkreis" gesprochen wird.

Das Meßwerk M verstellt nach Maßgabe der Spannung des Generators die Lage des Kontaktes K_2. Ist diese höher als in der Zeichnung — verursacht durch ein Sinken der Generatorspannung — ist die Schließdauer der Kontakte größer, der Widerstand R länger kurzgeschlossen, so daß der Mittelwert des Erregerstromes größer wird und die Generatorspannung steigt. Hierbei pulsiert der Momentanwert des Erregerstromes in anderen Teilen der Exponentialkurven, jedoch im Gegensatz zum selbsterregten Zweipunktregler unter Beibehaltung der Schaltfrequenz, da sie durch die Drehzahl der Exzenterscheibe vorgeschrieben ist. Das funktionelle Verhalten des Meßwerks schreibt die Art der Regelung vor: P-Regelung, I-Regelung, PI-Regelung.

Die meisten praktischen Ausführungen benutzen keine Fremderregung der Vibrationen, sondern sind selbsterregte Zweipunktregler, wobei ein Schaltrelais von der Spannung der Erregermaschine erregt wird und deren Erregung beeinflußt (z. B. das bekannte System des *Tirrillreglers*). Zur Erzielung der Regelwirkung wird das Schaltrelais zusätzlich von der Generatorspannung beeinflußt, sei es durch eine zweite Wicklung, sei es, daß der Gegenkontakt wie in Bild 59 vom Meßwerk verschoben wird. Die Vibrationsfrequenz liegt in vielen Fällen in der Größenordnung von 10 Hz.

§ 15. Untersuchungen mit Hilfe von Frequenzgängen[1])

a) Die Frequenzganggleichung des Regelkreises in allgemeiner Betrachtung

Es bestehe eine sinusförmig mit ω schwingende Regelgrößenabweichung $x(j\omega)$, wobei wir in diesem Paragraphen vielfachem Brauch entsprechend

$$j\omega = p$$

abkürzen und ab Abschnitt *b*) die Klammernotiz auch ganz fallen lassen. Wir betrachten die im Ausgang eines Reglers auftretende, ebenfalls sinusförmig schwingende Größe $y(p)$. Die Division beider Werte ergibt den Frequenzgang des Reglers in bezug auf die Regelgröße:

$$F_{RX}(p) = \frac{y(p)}{x(p)}. \tag{15.1}$$

[1]) Die Definition des Frequenzganges s. § 2, die Entwicklung der elementaren Formeln s. § 22.

Entsprechend erhalten wir bei einer sinusförmig schwingenden Führungsgrößenänderung den Frequenzgang des Reglers in bezug auf die Führungsgröße:

$$F_{RW}(p) = \frac{y(p)}{w(p)}. \tag{15.2}$$

Bei Vorhandensein beider Änderungsursachen wird der Ausgang des Reglers in Differenzwirkung erregt [vergleiche mit (4.2)]. Wenn wir uns wieder für die Stellgrößenänderung interessieren, haben wir die Vorzeichenumkehr zur Erzielung des *Regelsinnes* gemäß (4.1) zu berücksichtigen, so daß sich *als Gleichung des Reglers* ergibt:

$$y(p) = -[F_{RX}(p) \cdot x(p) - F_{RW}(p) \cdot w(p)]. \tag{15.3}$$

Ohne weitere Erklärung können wir den analogen Vorgang an der Regelstrecke anschreiben:

$$x(p) = F_{SY}(p) \cdot y(p) + F_{SZ}(p) \cdot z(p), \tag{15.4}$$

worin F_{SY} der Frequenzgang der Regelstrecke in bezug auf die Stellgröße und F_{SZ} derjenige in bezug auf die Störgröße sind. Zur Erleichterung wollen wir annehmen, daß $F_{RX}(p) = F_{RW}(p) = F_R(p)$ und $F_{SY}(p) = F_{SZ}(p) = F_S(p)$ ist, und erhalten anstatt (.3) und (.4)

$$y(p) = -F_R(p)[x(p) - w(p)] \tag{15.3a}$$

$$x(p) = \quad F_S(p)[y(p) + z(p)]. \tag{15.4a}$$

Diese Gleichungen entsprechen im Aufbau den Gleichungen (4.2) und (3.1). Durch Eliminieren von $y(p)$ erhalten wir die Frequenzganggleichung des geschlossenen Regelkreises:

$$\begin{aligned} x(p) = {} & \frac{F_S(p) \cdot F_R(p)}{1 + F_S(p) \cdot F_R(p)} \cdot w(p) \\ & + \frac{F_S(p)}{1 + F_S(p) \cdot F_R(p)} \cdot z(p), \end{aligned} \tag{15.5}$$

die in ihrem Aufbau der Gleichung (4.3) ähnelt. Anstatt der Verstärkungsfaktoren V_S und V_P stehen hier die Frequenzgänge $F_S(p)$ und $F_R(p)$. Die Betrachtung von Sollwertänderungen allein $[z(p) = 0]$ bzw. von Laststörungen allein $[w(p) = 0]$ ergibt aus (.5) den Frequenzgang des geschlossenen Regelkreises „in bezug auf Sollwertänderungen“.

$$F_w = \frac{x(p)}{w(p)} = \frac{F_S \cdot F_R}{1 + F_S \cdot F_R} = \frac{1}{1 + 1/(F_S F_R)} \qquad (15.6)$$

und „in bezug auf Störgrößenänderungen“:

$$F_z = \frac{x(p)}{z(p)} = \frac{F_S}{1 + F_S \cdot F_R} = \frac{F_w}{F_R} = \frac{1}{F_R + 1/F_S}. \qquad (15.7)$$

Wir lassen in diesen Formeln das Produkt $F_S \cdot F_R$ unverändert stehen und kürzen es nicht ab, wie es oft üblich ist[1]).

Während man Regler und Regelkreisteile, evtl. auch kleinere Anlagen, im Laboratorium auf ihr dynamisches Verhalten untersuchen kann, ist dies bei großen Anlagen nicht möglich. Bei einer Untersuchung an Ort und Stelle sind längere Betriebsunterbrechungen natürlich unerwünscht. Man sucht daher nach Verfahren, die längere Betriebsunterbrechungen vermeiden lassen. A. R. Aikman berichtet[2]) über die Verwendung eines Gerätes, mit dem bei einer pneumatischen Regleranlage der Frequenzgang größerer Anlagen an Ort und Stelle aufgenommen werden kann. Das Gerät wird in die Rohrleitung eingebaut, die zwischen Regler und Stellglied liegt, und gibt auf letzteres einen sich sinusförmig ändernden Eingangsdruck. Dieser sowie die als Antwort am Fühler des Reglermeßkreises entstehende Ausgangsgröße werden registriert, Amplitudenverhältnis und Phasenverschiebung zwischen beiden Größen festgestellt. Dieser „*Analysator*“ arbeitet mit Periodendauern von 30 s bis 30 min und Ausgangsamplituden von 0 bis 0,85 atü. Während des Versuches wird die Anlage von Hand gefahren und der Regler als proportionaler Übertrager eingestellt. Es wird berichtet, daß keine Regelstrecke angetroffen wurde, bei der nicht brauchbare Meßergebnisse erzielt worden wären. Als besonders interes-

[1]) F_S und F_R sind Eigenschaften der betreffenden Bauelemente, so wie auch V_S und V_P in (3.1) und (4.2) die Werte der Verstärkungsfaktoren waren. Verschiedentlich wird $F_0 = -F_S \cdot F_R$ als *Frequenzgang des offenen Regelkreises* abgekürzt, worin das negative Vorzeichen die Folge des durch die Schaltung bewirkten Regelsinnes ist, während allgemein üblich ist, die Verstärkungsfaktoren zur Bildung des Regelfaktors gemäß (4.4) mit der *Kreisverstärkung* $V = +V_S V_P$ abzukürzen, und nicht vom offenen Regelkreis gesprochen wird. Durch die von uns gewählte Darstellung erscheint sowohl im Nenner von (4.3) als auch im Nenner von (.5) einheitlich das positive Vorzeichen.

[2]) Regelungstechnik Jg. 1953, S. 4.

santes Ergebnis wird vermerkt, daß aus dem aufgenommenen Frequenzgang die Totzeit eines Regelkreises abgeschätzt werden konnte, deren direkte Messung oder Berechnung unmöglich war.

b) Regelstrecke aus Proportionalglied mit Verzögerung 1. Ordnung in Zusammenarbeit mit einem I-Regler

Der Frequenzgang der Regelstrecke ist mit (5.1b) bzw. (22.6) anzuschreiben:

$$F_S = \frac{V_S}{1 + p\, T_S} \qquad (15.8)$$

und derjenige des Reglers mit (6.2) bzw. (22.9):

$$F_R = \frac{1}{p\, T_{\mathfrak{I}}}. \qquad (15.9)$$

Den Frequenzgang des geschlossenen Regelkreises für Sollwertänderungen F_w bzw. Laststörungen F_z erhalten wir durch Einsetzen in (.6) bzw. (.7):

$$F_w = \frac{V_S}{V_S + p\, T_{\mathfrak{I}} + p^2\, T_S\, T_{\mathfrak{I}}} \qquad (15.10)$$

$$F_z = \frac{V_S}{V_S + p\, T_{\mathfrak{I}} + p^2\, T_S\, T_{\mathfrak{I}}} \cdot p\, T_{\mathfrak{I}}. \qquad (15.11)$$

Infolge der Beziehungen gemäß § 22k können wir auf die Übergangsfunktionen bei sprunghafter Sollwert- bzw. Laständerung schließen, indem wir zur Bestimmung des Anfangs bzw. des Endes der Übergangsfunktion in (.10) und (.11) setzen: $p \to \infty$ bzw. $= 0$. In (.10) wird für $p \to \infty$ der Nenner ∞, so daß der Bruch und damit der Anfangswert der Übergangsfunktion Null wird. Für $p = 0$ wird der Bruch und damit der Endwert der Übergangsfunktion gleich 1. Der Übergang von 0 auf 1 erfolgt gemäß dem Dämpfungsgrad, der sich aus den Koeffizienten des Nenners wie bei einer Differentialgleichung errechnet. Im Augenblick $t = 0$ ist demnach die Regelabweichung gegenüber dem alten (Bezugs-) Sollwert gleich 0 und somit gegenüber dem neuen Sollwert gleich 100%, während für $t \to \infty$ die Regelabweichung gegenüber dem alten Sollwert 100% geworden, d.h. der neue Sollwert fehlerlos erreicht ist. Für die Laständerung erhält man aus (.11) mit $p \to \infty$ den Wert Null, mit $p = 0$ ebenfalls den Wert Null. Infolge der Trägheit der Regelstrecke kann sich die Laststörung ab $t = 0$ erst allmählich auswirken, wird aber durch den I-Regler völlig ausgeregelt. Die im Ablauf des Regelvorganges maximale vorübergehende (dynamische) Regelabweichung erhält man dadurch, daß man in dem durch (.10) gegebenen Kurvenverlauf, der ja gleichzeitig dem Bruch in (.11) entspricht, den steilsten Punkt aufsucht und für diese Stelle gemäß der durch den Operator p des zweiten Faktors vorgeschriebenen Anweisung den Differentialquotienten unter Multiplikation mit $T_{\mathfrak{Z}}$ bildet.

c) Regelverstärker mit Rückführungen

§ 9 zeigte, daß ein Regler mit bestimmtem Verhalten dadurch gewonnen werden kann, daß man einen Verstärker vom Ausgang zurück zum Eingang auf bestimmte Weise gegengekoppelt. Mit (22.17) ist der Frequenzgang eines Reglers, der aus einem Regelverstärker mit Rückführung besteht:

$$F_R = \frac{1}{F_r + 1/F_V}, \tag{15.12}$$

worin F_V der Frequenzgang des Vorwärtsgliedes und F_r der des Rückführgliedes ist. Als Vorwärtsglied kommt ein Proportional- oder ein Integralglied in Betracht. Das erstere hat mit (22.4) den Frequenzgang V_P (P-Verstärker), das zweite mit (22.9) den Frequenzgang $1/(p\, T_{\mathfrak{Z}})$ (I-Verstärker). Bei *hinreichend hoher Verstärkung* können wir in Annäherung $V_P \approx \infty$ bzw. die Zeit $T_{\mathfrak{Z}} \approx 0$ (der I-Verstärker arbeitet unendlich schnell) annehmen. In beiden Fällen wird $1/F_V \approx 0$, so daß dann die Frage, ob P- oder I-Verstärker, illusorisch ist. Man erhält hiermit aus (.12):

$$F_R \approx 1/F_r\,. \tag{15.13}$$

Der Frequenzgang des Reglers ist dann annähernd *gleich dem inversen Frequenzgang der Rückführung*, die praktisch das funktionelle Verhalten des Reglers bestimmt, ein Ergebnis, das wir schon in § 9 zur Kenntnis nahmen. Beispiele: Wir erhalten durch eine starre Rückführung mit dem Frequenzgang $F_r = 1/V_P$ einen Proportionalregler mit dem Frequenzgang $F_R = V_P$, durch eine differenzierende Rückführung (Frequenzgang gemäß (22.11) $F_r = p\, T_{\mathfrak{J}}$) einen integralen Regler mit dem Frequenzgang $F_R = 1/(p\, T_{\mathfrak{J}})$ und durch eine verzögerte Rückführung mit dem Frequenzgang $F_r = 1/[V_P(1 + p\, T_v)]$ einen *PD*-Regler mit dem Frequenzgang $F_R = V_P(1 + p\, T_v)$.

Wir untersuchen die *Verhältnisse bei endlicher Verstärkung* für das zuletzt genannte Beispiel eines *PD-Reglers*: wir wünschen einen Regler mit dem Frequenzgang $F_R = V_P(1 + pT_v)$ und wählen einen *P*-Verstärker (Frequenzgang $F_V = V_V$) sowie eine Rückführung mit dem zu F_R inversen Frequenzgang $F_r = 1/[V_P(1 + p\, T_v)]$. Diese beiden Frequenzgänge in (.12) eingesetzt ergeben den Frequenzgang des Reglers:

$$F_R = \frac{V_P(1 + p\, T_v)}{1 + \frac{V_P}{V_V} + p\, T_v \frac{V_P}{V_V}} \approx \frac{V_P(1 + p\, T_v)}{1 + p\, T_v \frac{V_P}{V_V}} \tag{15.14}$$

(letzteres, da V_P/V_V meist gegen 1 klein ist) oder:

$$F_R \approx \frac{V_P}{1 + p\, T_v \frac{V_P}{V_V}} + \frac{p\, T_v\, V_P}{1 + p\, T_v \frac{V_P}{V_V}}. \tag{15.15}$$

Mit Hilfe von § 22k können wir die Übergangsfunktionen zeichnen (*Bild 60*). Beim ersten Bruch ist für den Anfang der Übergangsfunktion ($t = 0$, $p \to \infty$) im Nenner die Zahl 1 gegen den unendlich werdenden zweiten Summanden zu vernachlässigen, so daß der Bruch den Wert 0 erhält, während für das Ende der Übergangsfunktion ($t \to \infty$, $p = 0$) der zweite Summand gleich 0 wird, so daß der Bruch den Wert V_P annimmt. Der Übergang von 0 auf V_P erfolgt mit der Zeitkonstante $T_v\, V_P/V_V$ (Figur a). Dasselbe Vorgehen hinsichtlich des zweiten Bruches ergibt für den Anfang ($t = 0$, $p \to \infty$) den Wert V_V und für das Ende ($t \to \infty$, $p = 0$) den Wert 0. Die Zeitkonstante ist wieder $T_v\, V_P/V_V$ (Figur b). Figur c zeigt die Addition beider Kurven, die die Übergangsfunktion des Reglers ergibt. Denn der Summe zweier Operatorenausdrücke entspricht die Summe der zugehörigen Zeitfunktionen. Dagegen entspricht dem Produkt zweier Operatorenausdrücke nicht das Produkt der zugehörigen Zeitfunktionen.

Die Zeitkonstante $T_v\, V_P/V_V$ wird als *parasitische Zeitkonstante* bezeichnet. Die in Figur b zwischen der exponentiellen Kurve und den beiden Achsen eingeschlossene Fläche ist gleich dem Rechteck aus dem Wert V_V und der von der Tangente in diesem Punkt auf der Abszisse abgeschnittenen Zeitkonstante $T_v\, V_P/V_V$, sie hat den Wert $T_v\, V_P$. Es ist der Wert des Differenzierimpulses bei einem Sprung der Regelgröße x. Da die Reglerschaltung einen idealen Differenzierimpuls (bestehend aus unendlich hoher Verstärkung und unendlich kleiner Zeit) nicht herstellen kann, wird hier ein Differenzierimpuls aus der Verstärkung V_V bei exponentieller Abnahme nach Maßgabe der parasitischen Zeitkonstante gebildet. Die Übergangsfunktion bringt das am Anfang erheblich stärkere Gewicht des Signals, das vom Regler an das Stellglied weitergegeben wird, klar zum Ausdruck, worin das Wesen des Vorhaltes beruht. Sie zeigt die *Form* des Signals, in der dieses *innerhalb des Hubbereiches* mit steigender Eingangsgrößenänderung wächst.

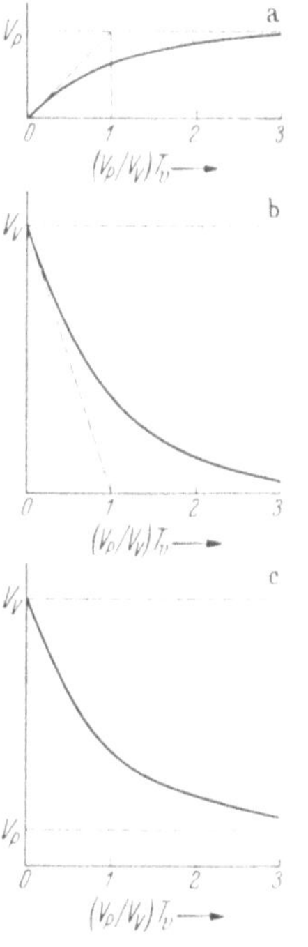

Bild 60. Entstehung der Übergangsfunktion des *PD*-Reglers aus den Summanden des Frequenzganges Gl. (15.15)

Ferner betrachten wir den hydraulischen Verstärker mit nachgebender Rückführung (*PI*-Regler), mit der Differentialgleichung (13.7). In Anwendung der Regeln des § 22 ergibt sich die dazugehörige Frequenzganggleichung[1]):

$$F_R = \frac{1 + p\,T_K}{p\,(T_M + T_K) + p^2\,T_M\,T_K}. \tag{15.16}$$

Wir wollen (.16) etwas anders schreiben:

$$F_R = \frac{1 + p\,T_K}{p\,(T_M + T_K)} \cdot \frac{1}{1 + p\,\frac{T_M\,T_K}{T_M + T_K}}. \tag{15.16a}$$

Der erste Bruch bedeutet einen idealen *PI*-Regler, dessen Frequenzgang wir auch so schreiben können:

$$F'_R = \frac{T_K}{T_M + T_K} + \frac{1}{p\,(T_M + T_K)}. \tag{15.17}$$

Der linke Summand ist der *P*-Anteil und der rechte der *I*-Anteil. Der rechte Bruch in (.16a) stellt die Wirksamkeit einer Zeitkonstante dar, die einen verzögerten Einlauf in die ideale (gestrichelte) Übergangsfunktion bewirkt (*Bild 61*).

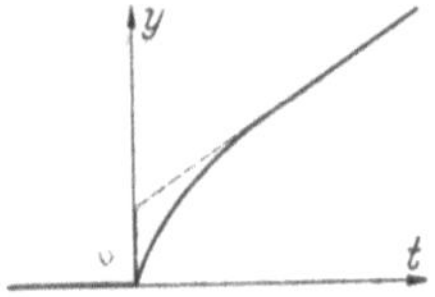

Bild 61. Übergangsfunktion eines *PI*-Reglers mit Eigenverzögerung

Wenn man schließlich nach der Realisierung eines *I-Reglers* mittels eines *P-Verstärkers mit Rückführung* fragt und hierzu die Schaltung gemäß Bild 35 benutzt, ist in (9.16) sowohl C_0 als auch R_1 gleich Null zu wählen. Wenn ferner die endliche Verstärkung V_V berücksichtigt, d. h. $u_g/u_A = 1/V_V$ in (9.13) nicht $= 0$ gesetzt wird, erhält man im Ergebnis anstatt (9.17):

$$F_R = \frac{y}{x} \approx \frac{1}{1/V_V + p\,\tau_i}, \tag{15.18a}$$

nachdem auch noch entsprechend praktischen Fällen $V_V \gg 1$ angenommen wurde. Vergleichen wir diesen Frequenzgang mit

[1]) Der Geübte erkennt bei einem Vergleich von (.16) und (13.7) die Zusammengehörigkeit beider Gleichungen. An Stelle der Rechenvorschriften für die Ableitungen d/dt und $d^2/(dt^2)$ in (13.7) stehen hier die Faktoren p und p^2, so daß sich der Quotient y/x unmittelbar ergibt.

dem Frequenzgang des *P-Reglers mit Eigenverzögerung* gemäß (5.7):

$$F_R = \frac{y}{x} = \frac{1}{1/V_P + p\,T_r} \tag{15.18b}$$

(realisiert z. B. gemäß (13.3) durch einen hydraulischen *I-Verstärker mit starrer Rückführung*), so fällt die äußere Gleichheit der Ausdrücke auf, so daß Zweifel auftreten könnten, ob man nicht ebenso gut den Ausdruck (.18a) als „P-Regler mit Verzögerung" und den Ausdruck (.18b) als „I-Regler mit endlicher Verstärkung" deuten kann. In der Tat bewirken beide das Gleiche, wenn $V_V = V_P$ und $\tau_i = T_r$ ist. Die benutzte Ausdrucksweise ist jedoch begründeter. Denn im allgemeinen wird (15.18a) dadurch entstehen, daß die schnelle P-Wirkung mit großem V_V aus Stabilitätsgründen nicht ausnutzbar ist, weil dabei eine kleine Zeitkonstante der Regelstrecke von Bedeutung wird, die sonst vernachlässigbar wäre, und ein durch eine I-Wirkung langsameres Verhalten zum Ziel führt, wenn nicht überhaupt aufgabengemäß ein I-Verhalten gefordert ist. Anderseits dürfte die Ursache für (.18b) die Notwendigkeit sein, eine Regelung durch Übergang zu einer (oft nicht allzu hohen) P-Wirkung zu verbessern, weil ein I-Regler zu langsame oder aber zu schwach gedämpfte Regelvorgänge auslöst.

d) Die Kompensation von Zeitkonstanten der Regelstrecke

In der Frequenzganggleichung für Sollwertänderungen gemäß (.6):

$$F_w = \frac{F_S F_R}{1 + F_S F_R} \tag{15.19}$$

ist das Produkt $F_S F_R$ bestimmend. Die Regelung ist umso einfacher, je einfacher das Produkt ist. Durch entsprechende Wahl des Frequenzganges F_R des Reglers lassen sich Vereinfachungen des Produktes erzielen. Wir wählen eine Regelstrecke, die aus drei Proportionalgliedern mit je einer Zeitkonstante besteht:

$$F_S = \frac{1}{(1 + p\,T_1)\,(1 + p\,T_2)\,(1 + p\,T_3)} \tag{15.20}$$

und einen *PID*-Regler mit dem Frequenzgang gemäß (9.16):

$$F_R = \frac{(1 + p\,\tau_1)(1 + p\,\tau_0)}{p\,\tau_i}. \qquad (15.21)$$

Wählen wir die Zeitkonstanten des Reglers so, daß $\tau_1 = T_1$ und $\tau_0 = T_2$ ist, so ergibt sich als Produkt der Frequenzgänge:

$$F_S\,F_R = \frac{1}{(1 + p\,T_3)\,p\tau_i}. \qquad (15.22)$$

Es liegen Verhältnisse wie bei der Regelung einer Regelstrecke vor, die aus einem einzigen Proportionalglied mit der Zeitkonstante T_3 besteht und durch einen *I*-Regler geregelt wird (z. B. § 15b). Optimierungsvorschriften hierfür werden in § 16 (Seite 137) behandelt.

Für die Aufgabe, eine *P*-Regelstrecke mit Verzögerung mittels eines *PI*-Reglers zu regeln, ergibt sich das Produkt $F_S\,F_R$:

$$F_S\,F_R = \frac{1}{1 + p\,T_1} \cdot \frac{1 + p\,\tau_1}{p\,\tau_i} \qquad (15.23)$$

und bei Wahl von $\tau_1 = T_1$:

$$F_S\,F_R = \frac{1}{p\,\tau_i}, \qquad (15.24)$$

so daß die Regelung wie bei einer verzögerungsfreien *P*-Regelstrecke, die von einem *I*-Regler geregelt wird, erfolgt und eine *sehr kleine Integrierzeit* τ_i gewählt werden kann, wobei letztere *nur nicht so klein* werden darf, daß eine kleine Zeitkonstante der Regelstrecke, die sonst vernachlässigbar ist, Bedeutung erhält.

Schließlich wollen wir einen *PD*-Regler gemäß (.14):

$$F_R = \frac{1 + p\,T_v}{1 + p\,T_v/V_V} \quad \text{bei } V_P = 1 \qquad (15.25)$$

mit einer Regelstrecke:

$$F_S = \frac{1}{1 + p\,T_S} \quad \text{bei } V_S = 1 \qquad (15.26)$$

zusammenschalten. Aus dem Produkt:

$$F_S F_R = \frac{1}{1 + p\,T_S} \cdot \frac{1 + p\,T_v}{1 + p\,T_v/V_V} \qquad (15.27)$$

sehen wir, daß sich die Zeitkonstante T_S kompensieren läßt, wenn wir $T_v = T_S$ wählen. Es verbleibt ein resultierender Frequenzgang, der ein Einspeichersystem mit der parasitischen Zeitkonstante $T_v/V_V = T_S/V_V$ bedeutet. Dies ist in *Bild 62*

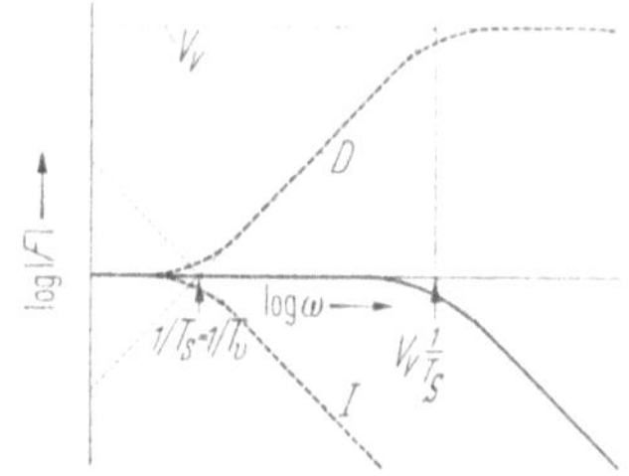

Bild 62.
Beträge der Frequenzgänge einer *PD*-Regelung im doppelt logarithmischen Maßstab

in einem Diagramm veranschaulicht, das im doppeltlogarithmischen Maßstab aufgetragen ist (Bode-Diagramm oder „straight line diagram" gemäß § 22m). Als Ordinate sind die Amplitudenwerte, als Abszisse die Frequenz angeschrieben. Der Amplitudengang der Regelstrecke ist die mit I bezeichnete Kurve, deren geradlinige Verlängerung die Abszissenachse in dem durch die „Eckfrequenz" $1/T_S$ gegebenen Punkt schneidet. Der Amplitudengang des Reglers ist die mit D bezeichnete Kurve, die wegen der differenzierenden Eigenschaften des Reglers nach oben verläuft, dann gemäß der parasitischen Zeitkonstante T_v/V_V in die Horizontale für V_V einbiegt. Da wir $T_v = T_S$ gewählt haben, verläuft die Verlängerung von D nach unten ebenfalls durch den Abszissenpunkt für die Eckfrequenz $1/T_S$, während ihre Verlängerung nach oben die Horizontale für V_V im Punkt mit der Eckfrequenz V_V/T_S schneidet. Das Produkt $F_S F_R$ ist wegen des logarithmischen Maßstabes die Addition der Werte und wird durch die starkausgezogene Kurve dargestellt. Das Bild veranschaulicht, daß die durch den Speicher (T_S) gegebene Trägheit kompensiert wird, aber nicht ganz. Das Ergebnis ist wiederum ein Einspeichersystem, jedoch mit wesentlich kleinerer Zeitkonstante, die der um den Faktor V_V höheren Eckfrequenz zugeordnet ist (die umso höher liegt, je größer die Verstärkung V_V des Vorwärtsgliedes des Reglers ist).

e) Stabilitätsuntersuchungen

In Gleichung (.6):

$$x(j\,\omega) = \frac{F_S F_R}{1 + F_S F_R} \cdot w(j\omega) \qquad (15.28)$$

sagt der Bruch (der Frequenzgang des geschlossenen Regelkreises in bezug auf Führungsgrößenänderungen) über Amplitudenverhältnis und Phasendifferenz der beiden Sinusschwingungen $x\,(j\omega)$ und $w\,(j\omega)$ aus. Wir wollen den Wert des Bruches verändern, jedoch die Schwingung $w\,(j\omega)$ konstant halten. Je größer der Betrag des Bruches wird, desto größer werden die sinusförmigen Regelgrößenänderungen $x\,(j\omega)$. Sie werden unendlich groß, wenn der Betrag unendlich groß wird. Dies ist für $F_S F_R = -1$ der Fall. Man kann auch umgekehrt sagen, daß eine endliche Schwingung $x\,(j\omega)'$ bei verschwindender bzw. verschwundener Schwingung $w\,(j\omega)'$ bestehen kann. Es liegt die Stabilitätsgrenze vor, in der sich Schwingungen gerade aufrechterhalten. Irgendwie müssen einmal Ursachen für die Schwingungserregung vorgelegen haben. Sie können aber längst wieder verschwunden sein, ohne daß die Schwingungen wieder abklingen.

Die Bedingung:

$$F_S F_R = -1 \qquad (15.29)$$

gibt eine Anweisung, wie ein Diagramm zu zeichnen ist, das die Beurteilung der Stabilität gestattet. In *Bild 63* ist der Frequenzgang $F = F_S F_R$ für eine Anordnung aufgetragen, die aus einem Proportionalglied mit Verzögerung 3. Ordnung gemäß Bild 82 als Regelstrecke und einem *P*-Regler mit dem Frequenzgang $F_R = 5$ besteht. Die Ortskurve — man betrachte zunächst nur die ausgezogene Kurve — schneidet die Abszissenachse zwischen dem Ursprung und dem „kritischen“

Punkt $P_k = -1$, der entsprechend der rechten Seite von (.29) der „Prüfpunkt" ist. Würden Verhältnisse vorliegen,

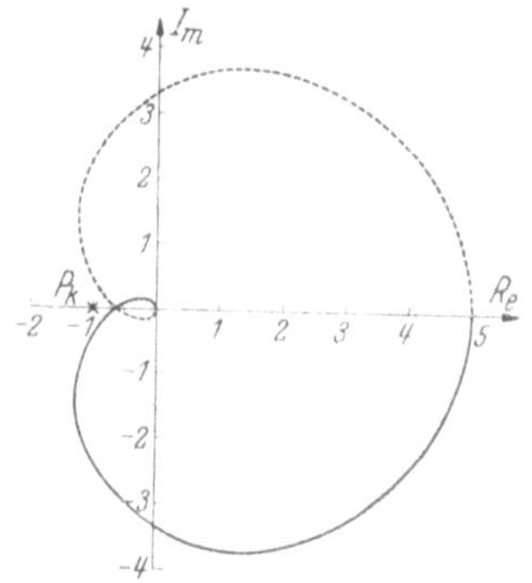

Bild 63. Ortskurve $F_S F_R$ für positive (ausgezogener Teil) und negative (gestrichelter Teil) Frequenzen sowie Prüfpunkt P_k

die die Ortskurve etwas weiter nach links aufblähen lassen, so daß sie gerade durch P_k geht, würde für den Punkt der Kurve, der sich mit P_k deckt, die Stabilitätsgrenze erreicht sein. Es können ungedämpfte Schwingungen von einer Frequenz bestehen, die der Wert der Frequenzskala der Ortskurve im Ort P_k angibt. Würde die Kurve noch weiter aufgebläht sein, würde P_k in das Innere der Kurve fallen. Es würden aufklingende Verhältnisse vorliegen. Der letztere Fall würde gegeben sein, wenn der Verstärkungsfaktor des gewählten P-Reglers z. B. auf 10 erhöht würde[1]). Brauchbar sind nur Verhältnisse, in denen P_k außerhalb der Ortskurve liegt.

Die in Bild 63 eingezeichnete Ortskurve $F_S F_R$ gilt für reelle Frequenzen ω. Wenn man sie für komplexe Frequenzen $\nu = \omega + j\,\delta$ berechnet, wie dies in § 221 für das einfache Beispiel eines Proportionalgliedes mit Verzögerung gezeigt

[1]) Eine entsprechende Änderung des Maßstabes unter Erhaltung des Kurvenverlaufes würde diesen neuen Verhältnissen gerecht werden. Dann wird der bisherige Abszissenwert $-0{,}5$ zum neuen kritischen Punkt $P_k = -1$, der nun innerhalb der Kurve liegt.

ist, erhält man eine Kurvenschar mit δ als Parameter, wobei δ die Abkling- bzw. Anschwellkonstante ist. Die Verbindung gleicher ω-Werte ergibt mit den Ortskurven sich senkrecht schneidende Linien, so daß ein Netz entsteht. Die Lage von P_k in diesem Netz gibt über die Dämpfungsverhältnisse Auskunft. Die Ortskurven für abklingende Verhältnisse (positives δ) verlaufen — wenn man in Richtung steigender Frequenz ω blickt — links von der Kurve für reelle Frequenzen ($\omega = 0$ liegt im Punkt $+ 5$, $\omega = \infty$ im Nullpunkt; vergl. Bild 78). Zur Beurteilung der Stabilität allein genügt die Kurve für reelle Frequenzen: Man hat festzustellen, ob der kritische Punkt links von der Kurve liegt oder nicht. Im ersten Fall liegen stabile Verhältnisse vor. Bei kompliziert verlaufenden, z. B. verschlungenen Kurven ist es leichter, die Lage des kritischen Punktes zu beurteilen, wenn man die Kurve für negative Frequenzen ergänzt. Diese liegt spiegelbildlich zur reellen Achse. In Bild 63 ist sie gestrichelt eingetragen. Will man nicht nur über Stabilität oder Instabilität entscheiden, sondern auch über das Maß der Abklingverhältnisse, muß man das (ω, δ)-Bild hinzuziehen.

(.29) läßt sich auch so schreiben:

$$\frac{1}{F_S F_R} = -1. \tag{15.30}$$

Im Diagramm ist dann der inverse Frequenzgang aufzutragen. Dies bietet für manche Untersuchungen Vorteile, da hier die Werte für kleine ω näher am Ursprung liegen bzw. bei Vorhandensein eines integrierenden Elementes im Ursprung beginnen. Auch in diesem Diagramm verlaufen für Abklingverhältnisse die Ortskurven der komplexen Frequenzen links von der Kurve für reelle Frequenzen, wenn man in Richtung wachsender ω blickt, so daß auch hier der Prüfpunkt $P_k = -1$ links der Kurve liegen muß[1]).

[1]) Ferner: Schreibt man Gleichung (.29) in der Form $F_S F_R + 1 = 0$, dann ist der Prüfpunkt der Ursprung und die aufzutragende Prüffunktion die Ortskurve $F_S F_R + 1$. Ebenso kann man Gleichung (.29) mit -1 multiplizieren, so daß sich $-F_S F_R = +1$ ergibt. Dann ist der negative Frequenzgang von $F_S F_R$ aufzutragen und der Prüfpunkt ist $P_k = +1$. Es ist verhältnismäßig einfach, sich auf eine abweichende Darstellungsart einzustellen.

Diese Stabilitätskriterien wurden von H. Nyquist und F. Strecker aufgestellt (s. hierzu ETZ, 1952, S. 251 und F. Strecker, Praktische Stabilitätsprüfung, Springer-Verlag 1950, S. 83). Eine sehr gute Darstellung der Stabilitätsprüfung mittels Ortskurven in knapper Form wurde von F. Strecker (Archiv der Elektrischen Übertragung, Bd. 4, 1950, S. 199) gegeben und ist als Einführung in dieses Spezialgebiet sehr geeignet.

Oft ordnet man Regler und Regelstrecke getrennt an, um nach Abänderungen am Regler die Auswirkungen auf die Stabilität leichter übersehen zu können. Eine Anordnung habe die Ortskurve von Bild 63. Sie bestehe aus einem *P*-Regler mit Verzögerung 2. Ordnung ähnlich Kurve b in Bild 82 (jedoch mit einem Verstärkungsfaktor $V_P = 5$) und aus einer Regelstrecke mit einfacher Verzögerung und der Verstärkung $V_S = 1$ wie Kurve a in Bild 82. Für den Schnittpunkt der Ortskurve mit der negativen Abszissenachse gilt *im stabilen Fall* mit (.29):

$$|F_S|\, e^{j\sigma} \cdot |F_R|\, e^{j\varrho} > -1, \qquad (15.31)$$

d. h. für die Komponenten gilt:

$$|F_S| \cdot |F_R| < 1 \qquad (15.31\text{a})$$

$$e^{j\sigma} \cdot e^{j\varrho} = -1. \qquad (15.31\text{b})$$

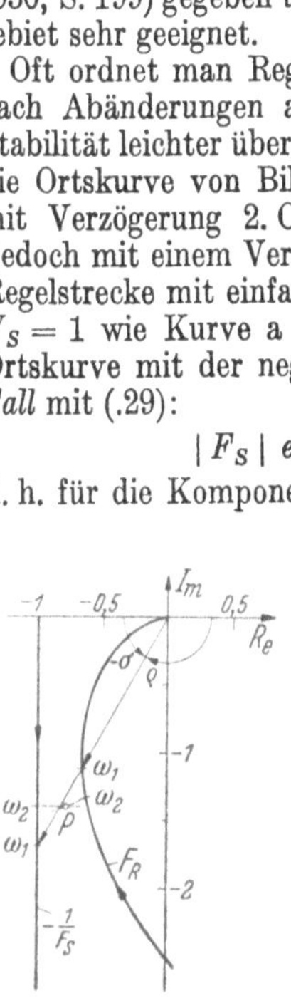

Bild 64. Stabilitätsuntersuchung mittels des Frequenzganges F_R des Reglers und des negativen inversen Frequenzganges $-1/F_S$ der Regelstrecke

Tragen wir den Frequenzgang $F_R = |F_R|\, e^{j\varrho}$ und den negativen inversen Frequenzgang $-1/F_S = -e^{-j\sigma}/|F_S|$ auf (*Bild 64*), so liegen deren zum Schnittpunkt gehörigen Vektoren wegen (.31 b) auf demselben Strahl durch den Ursprung. Gemäß (.31 a) ist $|F_R| < 1/|F_S|$. Man hat demnach die Vektoren aufzusuchen, die für gleiche Frequenz auf denselben Strahl fallen (ω_1 in Bild 64). Ihre Beträge entscheiden über Stabilität, $|F_R| < |1/F_S|$, und Instabilität, $|F_R| > |1/F_S|$. — Die Abklingverhältnisse sind durch den Wert von δ gegeben, den man dadurch erhält, daß man Punkte gleicher Frequenz mit Loten sucht, deren Schnittpunkt P denselben δ-Wert besitzt[1]). Diese Lote sind gestrichelt eingezeichnet. Sie gehören ω_2-Werten an, die kleiner als ω_1 sind (entsprechend der Tatsache, daß in Bild 63 die Ortskurve ihren kleinsten Abstand von $P_k = -1$ bei einer Frequenz hat, die kleiner ist als die Frequenz, bei der sie die Abszissenachse schneidet).

Wir wollen noch kurz die Verhältnisse einer reinen *Totzeitstrecke* streifen. Wenn wir den negativen inversen Frequenzgang der Regelstrecke $-1/F_S = -e^{j\omega T_t} \cdot 1/V_S$ nach (22.13) auftragen würden, so würden wir einen Kreis um den Ursprung mit dem Radius $1/V_S$ erhalten, der im Punkt $-1/V_S$ beginnt. Die Stabilitätsgrenze liegt vor, wenn mit ihm der Frequenzgang des Reglers einen Punkt gleicher Frequenz gemeinsam hat. Dies ist bei einem idealen *P-Regler* der Fall, wenn seine Verstärkung $V_P = 1/V_S$ ist. Sein Frequenzgang, der für alle Frequenzen denselben Wert V_P zeigt und auf der positiven reellen Achse liegt, deckt sich mit dem Punkt des negativen inversen Frequenzgangs der Strecke, der den Wert

$$-e^{j\omega T_t} \cdot 1/V_S = -e^{j\pi} \cdot 1/V_S = +1/V_S$$

hat. Für die Stabilitätsgrenze erhält man daher aus der Gleichung zwischen den Exponenten dieser e-Funktionen die Schwingungsdauer der ungedämpften Regelschwingung:

$$T_0 = 2\,T_t\,. \tag{15.32}$$

Für stabile Verhältnisse muß $V_S V_P < 1$ sein. Bei einem *I-Regler* liegen für die Stabilitätsgrenze die sich deckenden Punkte auf der negativen imaginären Achse, wo der negative inverse Frequenzgang der Strecke den Wert $-e^{j\omega T_t} \cdot 1/V_S = -e^{j\pi/2} \cdot 1/V_S = -j\,1/V_S$ und der Frequenzgang des I-Reglers den Wert $-j\,1/\omega\,T_{\mathfrak{Z}} = -j\,1/V_S$ besitzt. Hieraus erhält man die Schwingungsdauer der ungedämpften Regelschwingung:

$$T_0 = 4\,T_t \tag{15.33}$$

und als Bedingung für stabile Verhältnisse $T_{\mathfrak{Z}} > 2\,V_S\,T_t/\pi$.

---

[1]) Wobei zu beachten ist, daß die δ- und ω-Maßstäbe für beide Kurven im allgemeinen unterschiedlich sind.

f) Resonanzzonen des Regelabweichungsverhältnisses

Zur Vertiefung der Erkenntnis der Wirksamkeit einer Regelung wird auch das Abweichungsverhältnis (das Verhältnis von Abweichung *mit* Regelung zu derjeniger *ohne* Regelung) in Abhängigkeit der Frequenz aufgetragen[1]). Man geht also von Störungen aus, deren zeitlicher Verlauf durch Sinuswellen beschrieben wird. *Bild 65* zeigt das Abweichungsver-

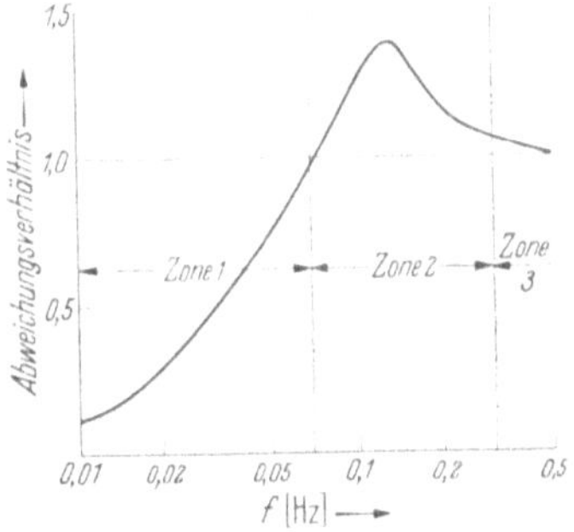

Bild 65. Abweichungsverhältnisse einer Strömungsregelung (nach Janssen)

hältnis eines Beispiels. Die Kurve kann man in drei Zonen unterteilen: eine 1. Zone niedriger Frequenzen mit Verkleinerung der Abweichungen bei Regelung (die Regelstrecke kann dem Stellglied genügend schnell folgen), eine 2. Zone, in der die Störungen bei Regelung im Gegenteil resonanzförmig verstärkt (!) werden (die Regelstrecke folgt so verzögert, daß der Eingriff des Stellgliedes eine verkehrte Wirkung ausübt), und eine 3. Zone, in der die Regelung praktisch unwirksam ist, weil die Anlage bei hohen Frequenzen zu träge ist.

Zum Verständnis der Resonanzzone sei auf ein Theorem von *Westcott* hingewiesen, das hinsichtlich der Wirkung des geschlossenen Regelkreises besagt, daß notwendigerweise

[1]) J. M. L. Janssen, Control-System Behavior Expressed a Deviation Ration Transactions ASME 1954, S. 1303, Übersetzung in Regelungstechnik 3, Jg. (1955), S. 303; derselbe: A Practical Guide to Plant Controllability, Control Engineering Nov. 1955, S. 58.

Verstärkungen der Abweichungen bei bestimmten Frequenzen gegeben sind, wenn bei anderen Frequenzen Abschwächungen erreicht werden. Dies gilt immer, wenn man beachtet, daß auch anscheinend trägheitslose Schaltungen in Wirklichkeit kleine Verzögerungen in der Regelstrecke oder auch im Regler besitzen, so daß die Resonanzfrequenz hier außerordentlich hoch liegen kann.

Die „Regelbarkeit“ der Regelstrecke ist für die erreichbare Regelgüte mitbestimmend. Zwei Regelstrecken, die mit PI-Regler in gleichem Maße regelbar erscheinen, können bei Hinzunahme von D-Wirkung ein unterschiedliches Bild ergeben. Eine Verkürzung der Totzeit verringert den Wert des Abweichungsverhältnisses und vergrößert bei D-Wirkung die erreichbare Erhöhung der Resonanzfrequenz.

Bei Mehrfachregelungen sollten die schnellen Regelungen mit ihren 1. Zonen die Resonanzzone der langsameren Regelung breit überdecken, da stärkere Störungen (deren zeitliches Verhalten in eine Resonanzzone fällt und an sich schon kritisch ist) bei aufeinanderfolgenden Regelungen mit sich überdeckenden Resonanzzonen noch unangenehmer werden.

§ 16. Über den optimalen Ablauf des Regelvorganges

a) Gütekriterien

Die Aufgabe, die Bedingungen festzustellen, unter denen „optimale“ Regelverhältnisse zu erzielen sind, die nicht nur durch die Gewähr der Stabilität, sondern auch hinsichtlich Schnelligkeit und Genauigkeit befriedigen, wurde sowohl theoretisch als auch empirisch angegangen. Oft liegt die Regelstrecke bereits vor, so daß ihre optimale Auslegung nicht mehr vorgenommen werden kann. Dann bleibt als Aufgabe, den für die Struktur dieser Regelstrecke zweckmäßigsten Regler auszuwählen und ihn für einen unter diesen Bedingungen optimalen Regelablauf einzustellen. In allen Fällen besteht die Frage der Definition, was als optimaler Regelablauf anzusehen ist. Es gibt sowohl Aufgaben, bei denen eine möglichst vollkommene Ausregelung von Störungen gefordert werden muß, als auch solche, die bleibende Regelabweichungen vertragen können. Anderseits verlangen bestimmte Aufgaben eine schnelle Wiederherstellung der Regelgröße unter Inkaufnahme eines Überschwingens, während andere eine möglichst starke Begrenzung des Überschwingens vorschreiben. Viele Gebiete der Verfahrenstechnik legen weniger Wert auf die Grenzen des Augenblickswertes der Regelgröße als darauf, daß das Zeitintegral der Regelgröße über eine bestimmte Fabrikationszeit einen bestimmten Wert hat[1]). Dies hängt damit zusammen, daß für den Fabrikationsablauf Zeiten festgelegt sind und daß innerhalb dieser die Regelgröße eine Wirkung ausgeübt haben muß, die nicht so sehr von ihrem Augenblickswert als von ihrem Zeitintegral abhängt.

Als Kriterium für einen optimalen Regelablauf wurde zunächst die *lineare Regelfläche* gewählt[2]). Sie ist die Fläche, die zwischen Regelgröße und Sollwertlinie liegt, wenn bei einer sprunghaften Störung die Regelgröße — in Abhängigkeit der Zeit aufgeschrieben — infolge eines integrierenden Verhaltens des Reglers die Sollwertlinie wieder erreicht (*Bild 66*). (Bei

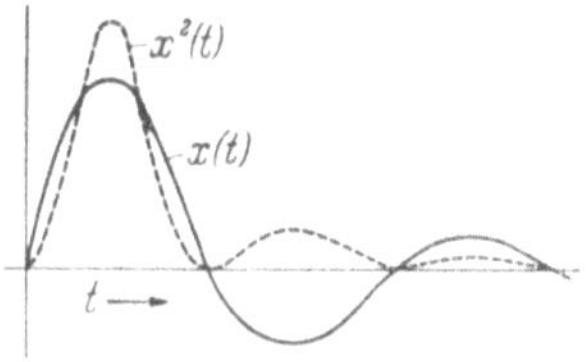

Bild 66. Lineare und quadratische Regelfläche

einem statisch wirkenden Regler würde der Sollwert nie wieder erreicht werden und daher die Integration der Fläche bis $t = \infty$ einen unendlich großen Wert ergeben; durch eine Parallelverschiebung um den Wert der statischen Abweichung erhält man jedoch eine Fläche mit endlichem Inhalt.) Der Flächeninhalt der Schriebe wird durch die maximale Regelabweichung und die Zeitdauer des Regelvorganges maßgebend beeinflußt. Bei kleinster Fläche kann dann die Regel-

[1]) S. L. Merz, Regelungstechnik 3. Jg., 1955, S. 75.
[2]) S. Literaturverzeichnis: R. C. Oldenbourg und H. Sartorius.

güte als optimal angesehen werden. Positive und negative Werte der Regelabweichungen, die über und unter der Sollwertlinie liegen, heben sich gegenseitig auf und wirken in Richtung einer Verkleinerung der Fläche. Es sind daher Zusatzbedingungen hinsichtlich der Dämpfung zu treffen (z. B. aperiodische Dämpfung). Jedoch hilft dies nichts gegenüber dauernden Störgrößenänderungen, so daß die lineare Regelfläche hier versagt.

Die durch positive und negative Werte entstehenden Schwierigkeiten werden vermieden, wenn man die *quadratische Regelfläche* verwendet, bei der die Quadrate der Regelabweichungen aufgetragen werden (Bild 66). Auch hier wird für dauernde Störgrößenänderungen die Regelfläche unendlich. In diesen Fällen wird dann der „mittlere quadratische Fehler" als Maß genommen, der sich ergibt, wenn man nur die quadratische Regelfläche eines Zeitintervalls betrachtet und auf die Intervalldauer bezieht. Die Quadrierung bedingt, daß kleine Abweichungen im Zuge des Einschwingvorganges zu gering in Erscheinung treten, so daß das quadratische Optimum zu Regelvorgängen mit stärkerem Überschwingen neigt. Das quadratische Optimum wird auch als effektives Optimum bezeichnet, da ähnliche Verhältnisse vorliegen wie beim Effektivwert in der Elektrotechnik.

Das quadratische Optimum erfordert gegenüber dem linearen Optimum großen Rechenaufwand. Auf wesentlich einfachere mathematische Beziehungen, ohne die Nachteile des linearen Optimums zu besitzen, führt das von H. Sartorius vorgeschlagene *praktische Optimum*[1]). Ihm liegt ebenfalls die quadratische Regelfläche zugrunde, jedoch wird nicht ein Integral im Zeitbereich, sondern ein solches im Frequenzbereich untersucht. Die von der quadratischen Fehlerfunktion umschlossene Fläche soll möglichst klein sein. Es ergibt sich, daß ein Regelsystem mit k Freiheiten optimal angepaßt ist, wenn die k ersten Anfangsableitungen des Amplitudenspektrums der auf Grund einer bestimmten Störung auftretenden Regelfunktion verschwinden.

---

[1]) Angepaßte Regelsysteme. Regelungstechnik 2. Jg., 1954, S. 165.

C. Keßler definierte das *Betragsoptimum*[1]). Ausgangspunkt ist der Frequenzgang des geschlossenen Regelkreises in bezug auf Sollwertänderungen. Die Optimierung verlangt, daß der Betrag des Frequenzganges von der Frequenz $\omega = 0$ ausgehend in einem möglichst weiten Frequenzbereich gleich 1 ist, so daß Soll- und Istwert in diesem Bereich weitgehend übereinstimmen. Das Verfahren liefert Einstellvorschriften für den Regler, die unabhängig von Art und Ort der Störungen sind und sich allein aus den Daten der Regelstrecke ergeben.

b) Einstellvorschriften

Das lineare Optimum liefert die einfache Einstellvorschrift, daß möglichst viele Nullstellen der charakteristischen Gleichung reell und einander gleich sind. Die zugehörigen Regelvorgänge sind zwar meist zu stark gedämpft, aber zu einer Vororientierung gut geeignet. Das quadratische Optimum ergibt Einstellvorschriften, die wegen ihres mathematischen Aufwandes für eine praktische Anwendung kaum in Betracht kommen.

J. G. Ziegler und N. B. Nichols[2]) veröffentlichten 1941 in Amerika Einstellregeln, die sich empirisch an Druck-, Durchfluß und Temperaturregelstrecken ergeben hatten. Sie haben auch in Europa Beachtung gefunden. Die Einstellung des Reglers soll hiernach so vorgenommen werden, daß der Regler zunächst als P-Regler betrieben und seine Verstärkung so lange erhöht wird, bis die Anlage gerade in ungedämpfte Schwingungen bei kleinen Amplituden gerät. Die bei diesem Stabilitätsgrenzfall eingestellte Reglerverstärkung sei V_{Gr} und die Schwingungsdauer T_{Gr}.

Optimale Einstellung nach Ziegler-Nichols

P-Regler: $V_P = 0{,}5\ V_{Gr}$

PI-Regler: $V_P = 0{,}45\ V_{Gr}$; $T_n = 0{,}85\ T_{Gr}$

PID-Regler: $V_P = 0{,}6\ V_{Gr}$; $T_n = 0{,}5\ T_{Gr}$; $T_v = 0{,}12\ T_{Gr}$.

Der Vorschrift liegen Anlagen der Verfahrenstechnik zugrunde, die durch ein Totzeitglied mit anschließendem Verzögerungs-

[1]) Über die Vorausberechnung optimal abgestimmter Regelkreise, Regelungstechnik 2. Jg. (1954) S. 274, 3. Jg. (1955) S. 16 und S. 40.

[2]) Trans. ASME 64 (1942), S. 759.

glied 1. Ordnung charakterisiert werden (nach Wünsch, Askaniawarte Nr. 48, S. 13, entsprechen die Einstellungen einem Dämpfungsgrad $D = 0{,}21$), s. auch Bild 28.

Aus diesen Angaben sowie aus Ergebnissen anderer Autoren hat W. Oppelt durch Mittelwertbildung folgende Faustformeln für Regelung mit verschiedenen Reglerarten zuzusammengestellt, für Regelstrecken der Verfahrenstechnik mit Übergangsfunktionen, deren Verlauf unter Einschluß der meist vergleichsweise geringen Eigenverzögerungen des Reglers durch eine Totzeit T_t bzw. Verzugszeit T_u (s. S. 74) und eine anschließende Zeitkonstante T_S angenähert werden können.

Einstelldaten nach Oppelt

P-Regler: $V_S\, V_P = 1{,}0\, T_S/T_t$
PI-Regler: $V_S\, V_P = 0{,}8\, T_S/T_t;\; T_n = 3\, T_t$
PD-Regler: $V_S\, V_P = 1{,}2\, T_S/T_t;\; T_v = 0{,}25\, T_t$
PID-Regler: $V_S\, V_P = 1{,}2\, T_S/T_t;\; T_n = 2\, T_t;\; T_v = 0{,}42\, T_t.$

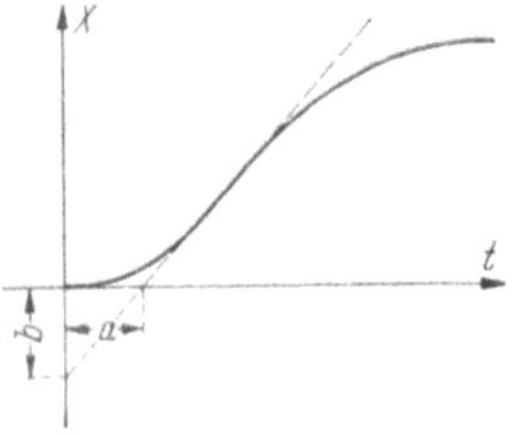

Bild 67. Bestimmung der Einstellwerte aus der Übergangsfunktion der Regelstrecke (bei Sprung um Y_h)

In anderer Darstellungsform, der die Übergangsfunktion der Regelstrecke bei Verstellung der Stellgröße um den ganzen Stellbereich zugrunde liegt und bei der die Strecken auf den Achsen (*Bild 67*) benutzt werden, die von der Tangente im Wendepunkt abgeschnitten werden, ergeben sich zur Abschätzung der Einstellung des PID-Reglers die

Einstelldaten nach Oppelt-Schäfer[1])

$$X_P = 1 \ldots 1{,}5\,\mathrm{b}$$
$$T_n = 2 \ldots 3\,\mathrm{a}$$
$$T_v = 0{,}5\,\mathrm{a}.$$

Weitere Arbeiten über die Einstellung von Reglern sind dem Buch von Oppelt zu entnehmen. Da verschiedene Einstellregeln sich auf den Abstand von der Stabilitätsgrenze,

[1]) Regelungstechnik, Deutscher Ingenieur-Verlag und VDE-Verlag 1954.

auch *Stabilitätsrand* genannt, beziehen, hat Oppelt die Stabilitätsgrenze in Abhängigkeit der Daten von Regelstrecken verschiedener Art und der Reglereinstellungen aufgetragen. Hierzu war eine räumliche Darstellung notwendig, so daß gewissermaßen die Zeichnung eines Gebirges, des *Stabilitätsgebirges*, entstand.

Schließlich geben wir die Einstellvorschriften, die aus dem von C. Keßler definierten Betragsoptimum folgen[1]). Besonders in der Antriebstechnik sind die Fälle häufig, daß nur eine oder zwei große und eine Anzahl kleiner Zeitkonstanten vorliegen. Als Optimierung ergibt sich die Vorschrift der Kompensation der großen Speicherzeitkonstanten durch Rückführzeitkonstanten des Reglers und einer Bemessung seiner Integrierzeit nach den kleinen Zeitkonstanten. Im Falle *einer* großen Zeitkonstante ist ein *PI-Regler*, im Fall von *zwei* großen Zeitkonstanten ein *PID-Regler* einzusetzen. Unter Verwendung der Darstellungsform des Reglers mit Rückführungen entsprechend (9.16), (15.13) und (15.21) ist im *ersten Fall* die große Zeitkonstante T_1 der Regelstrecke durch die Rückführzeitkonstante τ_1 des Reglers (*PI*-Regler, d. h. $\tau_0 = 0$) zu kompensieren, während im *zweiten Fall* die beiden großen Zeitkonstanten T_1 und T_2 durch die Rückführzeitkonstanten τ_1 und τ_0 zu kompensieren sind. In beiden Fällen ist, wenn wir zunächst nur eine kleine Zeitkonstante T_μ annehmen, die beispielsweise um etwa den Faktor 5 oder mehr kleiner als jede der beiden großen Zeitkonstanten ist, eine Integrierzeit $\tau_i = 2\, V_S\, T_\mu$ zu wählen, worin V_S die Verstärkung der Regelstrecke bedeutet. In Annäherung sind die gleichen Verhältnisse gegeben, wenn eine Anzahl kleiner Zeitkonstanten vorliegt, wobei jetzt $\Sigma\, T_\mu$ unter den gleichen Bedingungen gegenüber T_1 und T_2 bemessen sein soll.

Einstellvorschriften nach C. Keßler

Fall 1 (*1 große Zeitkonstante*):		*I-Regler*	*PI-Regler*
τ_1	$=$		T_1
τ_i	$=$	$2\, V_S\, T_1$	$2\, V_S\, \Sigma T_\mu$
T_α	$\approx$	$5\, T_1$	$5\, \Sigma T_\mu$

[1]) S. Fußnote [1]) S. 135.

Fall 2
(2 große Zeitkonstanten):

		I-Regler	*PID-Regler*
τ_1	$=$		T_1
τ_0	$=$		T_2
τ_i	$=$	$2\,V_S\,(T_1 + T_2)$	$2\,V_S\,\Sigma T_\mu$
T_α	$\approx$	$5\,(T_1 + T_2)$	$5\,\Sigma T_\mu$

Die Optimierung geht davon aus, daß es der Aufgabenstellung entspricht, daß durch I-Verhalten keine bleibende Regelabweichung bestehen bleibt und daß z. B. bei Sollwertverstellung zur Erzielung eines schnellen Erreichens des neuen Sollwertes ohne stärkeres Pendeln ein leichtes Überschwingen von etwa 4‰ des Sprunges angemessen ist (entsprechend einem Dämpfungsgrad $D = 1/\sqrt{2}$, vergleiche Bild 74 Kurve für $D = 0{,}707$). Man erhält dann eine bestimmte Anregelzeit T_α, die Zeit, in der die Sollwertlinie zum ersten Mal geschnitten wird. Sie ist in obiger Zusammenstellung ebenfalls aufgenommen. Anschließend geht die Regelgröße relativ schnell in den Sollwert über. Die Zusammenstellung enthält neben den Vorschriften für den strukturoptimalen Regler (*PI* im ersten, *PID* im zweiten Fall) auch diejenigen für den nicht strukturoptimalen einfachen I-Regler, wobei die gleichen Optimierungsziele, der gleiche Dämpfungsgrad gilt. Man sieht an den Anregelzeiten T_α, *wie viel schneller* der strukturoptimale Regler arbeitet. Will man im zweiten Fall einen *PI*-Regler benutzen, da die schnelle Anregelzeit des *PID*-Reglers nicht erforderlich ist, so kann man etwa die kleinere der großen Zeitkonstanten zu einer kleinen Zeitkonstante erklären und erhält Verhältnisse, die zu denen bei Verwendung der umständlicheren (oben nicht aufgeführten) genauen Einstellvorschrift eine Annäherung bedeuten. Wesentlich ist, daß bei der Bemessung keine penible Genauigkeit beobachtet zu werden braucht, was in anderer Hinsicht von Bedeutung ist, wenn größere Sollwertbereiche und andere Betriebseinflüsse eine Änderung der Kenndaten und damit ein Abweichen von der optimalen Einstellung zur Folge haben. Für eine Regelstrecke mit Totzeit T_t und anschließender Zeitkonstante $T_1 > T_t$ ergibt die gleiche Optimierung die Einstellvorschrift $\tau_1 = T_1$ und $\tau_i = 2\,V_S\,T_t$.

Den Unterschied im Zeitverhalten der Anlagen verschiedener Aufgabengebiete beleuchten auch die wertmäßigen Einstellgrößen der jeweils verwandten Regler. Für Druck- und Durchflußregelungen industrieller Prozesse kann man bei P-Reglern einen P-Bereich von etwa 3 ... 5% ($V_P = 33 \dots 20$) annehmen, in bestimmten Fällen auch höher, z. B. 20% ($V_P = 5$). Andere Beispiele aus der Verfahrenstechnik zeigen für PID-Regler P-Bereiche bis 40% bzw. 80% ($V_P = 2{,}5$ bzw. 1,25), Nachstellzeiten T_n bis etwa 20 min, Vorhaltzeiten T_v bis etwa 3 min. Demgegenüber sei auf ein Beispiel einer elektronischen Drehzahlregelung eines kleinen Leonardsatzes hingewiesen: P-Bereich = 38% ($V_P = 2{,}6$), T_n = 280 ms, T_v = 70 ms.

§ 17. Zur Frage der Regelgenauigkeit

Die Frage nach der Genauigkeit, mit der eine Regeleinrichtung arbeitet, führt auf eine Reihe von Teilfragen, die mit der speziellen Aufgabenstellung, mit Eigenart und Zustand der zu regelnden Anlage sowie mit dem Faktor Zeit verquickt sind und von denen auch die Auswahl des geeigneten Reglers abhängt. Wir haben durch unsere Ausführungen die grundlegende Erkenntnis gewonnen, daß einerseits der Regler, anderseits aber auch die Regelstrecke am Regelergebnis beteiligt sind. Ebenso wichtig wie die Kenntnis des funktionellen Verhaltens des Reglers einschließlich der ihm gegebenenfalls anhaftenden Nebenerscheinungen ist die Kenntnis der charakteristischen Merkmale der Regelstrecke, insbesondere ihres dynamischen Verhaltens.

Bei älteren Anlagen, für die eine Regeleinrichtung entworfen werden soll, findet der Regelingenieur gegebene Verhältnisse vor, die nur teilweise abgeändert werden können. Neuerstellungen lassen größere Freizügigkeit zu, soweit die Kosten es erlauben und soweit technische Forderungen den regeltechnischen Wünschen nicht entgegenstehen. An Änderungen wird man zu denken haben, die im Laufe der Zeit auftreten können: Getriebespiel, Lose, Reibungskräfte usw. sowie Nullpunkt- und Eichfehler können allmählich andere

Werte annehmen und sich in geregelten Anlagen unangenehmer bemerkbar machen. Mechanische Glieder sind im Regelbetrieb wesentlich größeren Abnutzungen unterworfen, da sie sich nicht wie im Handbetrieb auf der Stelle in Ruhelage befinden, auf die sie gestellt wurden, sondern dauernde kleine Bewegungen um den Arbeitspunkt ausführen. Höhere Ansprüche hinsichtlich des Regelergebnisses rechtfertigen auch höhere Aufwendungen. Die Kennlinie eines Gliedes muß unter Beachtung der Kennlinien der übrigen Regelkreisglieder betrachtet werden. Krümmungen einer Kennlinie können durch entgegengesetzte Krümmungen der Kennlinie eines anderen Gliedes aufgehoben werden[1]).

Der Regler ist zwar das Herz der Regelanlage. Jedoch ist die Gesamtkonzeption zur Einrichtung einer Regelung am Dauererfolg beteiligt. Hierzu gehören alle Zwischenglieder und Hilfsgeräte, die an sich auch für andere technische Aufgaben verwendbar sein können, deren Güte aber gegebenenfalls der von der Regelaufgabe geforderten Güte anzupassen ist. Zur Erzielung befriedigender Ergebnisse macht es sich auch in der Regelungstechnik bezahlt, einfache Anordnungen und einfache Geräte zu wählen (s. auch S. 21). Der Betriebsmann weiß dies stets zu würdigen. Aus diesem Grunde sollte man auch nur die Regelgenauigkeit anstreben, die der Aufgabenstellung entspricht und die man etwa als „Aufgabengenauigkeit“ bezeichnen könnte. Bei der Behandlung der verschiedenen Reglertypen haben wir ihren Grundaufbau hinsichtlich ihres idealen funktionellen Verhaltens dargestellt. Das Verhalten eines bestimmten Reglers ist eine Frage des benutzten Systems sowie des speziellen Aufbaues, in den auch die fertigungstechnische Güte eingeht. Die Eigenverzögerungen eines technischen Reglers sowie andere gegenüber dem idealisierten Regler abweichende Eigenschaften lassen es oftmals ange-

---

[1]) Bei Drosselklappen können gewünschte Kennlinien durch entsprechende Gestaltung des Antriebsmechanismus (z. B. Bemessung der Gestängeteile und der von ihnen gebildeten Winkel eines Gelenkvierecks) erzielt werden. Bei Ventilen und Klappen muß sich der Öffnungsquerschnitt und seine Profilierung nach dem Durchfluß und nicht nach der Größe der Rohrleitungen richten, damit zur Erzielung der gewünschten Kennlinie der größte Anteil der Druckhöhe am Stellglied vernichtet wird.

zeigt sein, besser von einem Regler mit *P*-, *PI*- usw. „*Verhalten*" zu sprechen.

Unabhängig von der Genauigkeit, mit der eine Störgrößenänderung ausgeregelt wird, ist die Genauigkeit, mit der der vorgeschriebene Sollwert auf die Dauer gehalten wird. Sie hängt nicht nur von der *Konstanz* der Führungsgröße, des Vergleichswertes oder der Einstellvorrichtung für lange Zeit ab, sondern ebensosehr von der Konstanz sämtlicher Teile des Meßkreises, d. h. des Kreises, der von der Istwertmessung bis zur Bildung der Regelabweichung reicht, einschließlich aller in ihm liegenden Meßumformer, Rückführglieder sowie aller Anordnungen zur Aufschaltung von Hilfs- und Störgrößen. *Der Regler kann nur den Wert konstant halten, den die Messung erfaßt, und nur dann, wenn eine Konstanz sämtlicher Teile des Meßkreises vorliegt.* Die von diesem Kreise dem Regelverstärker zugeführte Eingangsgröße bestimmt allein, was das Stellglied zu tun hat und bei welchem Wert sich der neue Beharrungszustand einstellt. Wärmegänge, Ansprechempfindlichkeiten oder Alterungserscheinungen der einzelnen Glieder haben dieselbe Wirkung, als ob man den Sollwert auf einen entsprechend veränderten Wert verstellt hat. Die Fehler gehen in voller Höhe als Regelfehler ein, während Veränderungen in Anlagenteilen, die hinter der Bildung der Regelabweichung liegen, infolge der veränderten Verstärkung nur den Regelfaktor beeinflussen und somit viel geringere Auswirkung haben. Unter Umständen ist es daher zweckmäßig, bei kleinen Werten der Istgröße die Regelabweichung bereits frühzeitig zu erfassen, bevor Nebeneffekte weiterer Verstärker eine saubere Bildung der Differenz von Ist- und Sollwert erschweren.

Die Regelgenauigkeit bei Vorliegen von *Regelbereichen*, d. h. Sollwertbereichen, innerhalb derer der Sollwert zwischen einem oberen und unteren Grenzwert verstellt werden kann, bezieht man im allgemeinen auf den maximalen Wert, so wie auch der Meßfehler eines Meßinstrumentes auf den obersten Wert der Skala bezogen wird. Es ist zu beachten, daß sich die Kenndaten der Teile des Regelkreises innerhalb großer Regelbereiche verändern können (z. B. veränderte Verstärkung und veränderte Zeitkonstante im Sättigungsgebiet von elektrischen Maschinen). Wenn man die Regelung für den Betriebsfall mit den ungünstigsten Kenndaten optimal einstellt, arbeitet sie in anderen Betriebsfällen nicht optimal. Manche Störwertänderungen behalten ihren Absolutwert innerhalb des ganzen Regelbereiches bei. Wenn dieser durch die Regelung auf einen bestimmten Bruchteil ausgeregelt wird, so hat der Restwert, auf einen kleineren Sollwert bezogen, einen viel größeren Relativwert.

Neben einer einwandfrei arbeitenden Regeleinrichtung ist die *Summe der maximal anfallenden Störgrößenänderungen für das Regelergebnis bestimmend.* Eine Anlage, die eine Ungenauigkeit von z. B. $< 0{,}1\,\%_0$ zeigt, weil die gewichtigsten Störgrößen stabilisiert oder von Natur wenig veränderlich sind, ist regeltechnisch nicht besser als eine andere Anlage, die höhere Abweichungen zeigt, weil die Störungen größer sind oder keine Stabilisierungen bestimmter Störgrößen vorgenommen wurden. *Ein Urteil über eine Regelanlage sollte man nicht ohne Nennung der Bedingungen aussprechen, unter denen die beobachtete Genauigkeit erzielt ist.* Bei häufigen Störgrößenänderungen, die so schnell aufeinander folgen, daß der Regelvorgang noch nicht abgeklungen ist, wenn der nächste angeregt wird, kommt die Anlage nicht mehr zur statischen Ruhe. Hier können Stabilisierungen der Störgröße oder Störwertaufschaltungen notwendig werden. *Bei erheblichen Störgrößensprüngen* ist zu beachten, daß die aus der Theorie gewonnenen Regelgesetze nur innerhalb eines Bereiches gelten, der von den *Hubgrenzen* des Reglers, der Stellgröße usw. abhängt. Außerhalb dieses Bereiches ist der „geschlossene Wirkungskreis“ unterbrochen, so daß die Anlage das ungeregelte Verhalten eines offenen Kreises zeigt, das durch die eine der beiden Endlagen des Hubes bestimmt ist, bis nach Wiedererreichen des Hubbereiches das Einlaufen in den Sollwert gesetzmäßig erfolgt.

Der Frage der Betriebssicherheit der Regeleinrichtung wird sowohl vom Hersteller als auch vom Verbraucher die notwendige Beachtung geschenkt. In der ersten Betriebszeit geben gelegentlich Fremdkörper in hydraulischen und pneumatischen Teilen sowie elektrische Kontakte und Lötstellen die Möglichkeit von Störungen. Darüber hinaus ist bei guten Regeleinrichtungen die Betriebssicherheit sehr hoch. G. Wünsch (s. Hütte) gibt für hydraulische Glieder eine Betriebssicherheit von etwa 50 000 h, für pneumatische Glieder von etwa 15 000 h bis zur ersten Störung an. Die Wartung elektrischer Glieder entspricht dem Üblichen. Vakuumröhren werden zur Erhöhung der Sicherheit vielfach nach einigen tausend Betriebsstunden (z. B. 3 000 ... 4 000 h) gegen neue ausgetauscht. Auch sollte man darauf sehen, daß sogenannte Kurzbrenner ausgeschieden sind.

Anhang

§ 18. Einige Formeln der komplexen Rechnung

Die komplexe Rechnung erleichtert das Rechnen mit Zahlenpaaren, die miteinander in Beziehung stehen, und wird heute nicht nur in der Elektrotechnik, sondern auch in anderen Gebieten der Technik mit großem Erfolg angewandt, so auch auf den Gebieten der Schwingungstechnik. In folgendem sind die für das Verständnis der weiteren Ausführungen wichtigsten Begriffe und Formeln zusammengestellt[1]). Der Betrag (oder Modul) Z der gerichteten Größe $\mathfrak{Z} = X + jY$ (*Bild 68*) sei um den Richtungswinkel (Argument) φ gegen die reelle Achse im mathematisch positiven Drehsinne gedreht. Beide Größen werden auch Polarkoordinaten genannt und stehen mit den kartesischen Koordinaten in folgendem Zusammenhang:

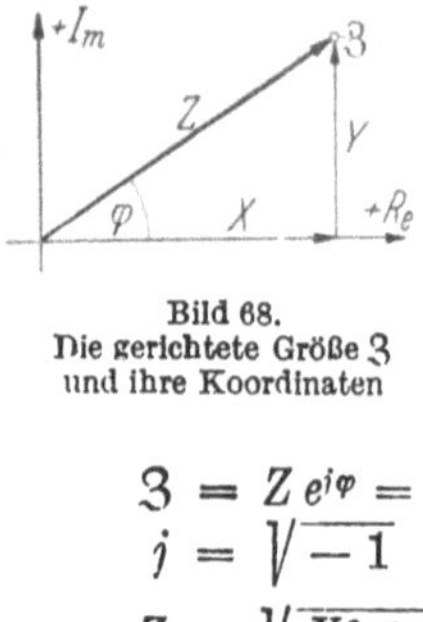

Bild 68. Die gerichtete Größe $\mathfrak{Z}$ und ihre Koordinaten

$$\mathfrak{Z} = Z\,e^{j\varphi} = Re + j\,Im = X + j\,Y; \qquad j = \sqrt{-1} \tag{18.1}$$

$$Z = \sqrt{X^2 + Y^2} = \text{Betrag} \tag{18.1a}$$

$$tg\,\varphi = \frac{Y}{X}\;;\; \varphi = \text{Richtungs- oder Phasenwinkel.} \tag{18.1b}$$

Der reziproke Wert, auch inverser Wert genannt, ergibt sich zu:

$$\frac{1}{\mathfrak{Z}} = \frac{1}{Z}\,e^{-j\varphi} = \frac{1}{X + j\,Y} = \frac{X}{Z^2} - j\,\frac{Y}{Z^2} \tag{18.2}$$

$$1/Z = \text{Betrag des inversen Wertes.}$$

Bei der Inversion erscheint derselbe Phasenwinkel φ, jedoch im negativen Drehsinne. Die *Addition* komplexer Größen ergibt:

[1]) S. auch Sammlung Göschen Nr. 1156, H. H. Meinke, Die komplexe Berechnung von Wechselstromschaltungen.

$$\mathfrak{Z} = \mathfrak{Z}_1 + \mathfrak{Z}_2 + \ldots = (X_1 + X_2 \ldots) + j(Y_1 + Y_2 + \ldots) \quad (18.3)$$

$$Z = \sqrt{(X_1 + X_2 + \ldots)^2 + (Y_1 + Y_2 + \ldots)^2} \quad (18.3a)$$

$$tg\,\varphi = \frac{Y_1 + Y_2 + \ldots}{X_1 + X_2 + \ldots} \quad (18.3b)$$

und die *Multiplikation*:

$$\mathfrak{Z} = \mathfrak{Z}_1 \cdot \mathfrak{Z}_2 \ldots = (Z_1 Z_2 \ldots)\, e^{j(\varphi_1 + \varphi_2 + \ldots)} = Z\, e^{j\varphi}. \quad (18.4)$$

Bild 69 veranschaulicht die Addition zweier komplexer Größen, die im 1. Quadranten liegen, und die Multiplikation zweier komplexer Größen, die im 4. Quadranten liegen. Bei der Addition sind je die Komponenten X_1, X_2 usw. und Y_1, Y_2 usw. zu addieren. Der Tangens des Winkels ist gleich dem Verhältnis der Komponentensummen. Bei der Multiplikation ist das Produkt der Beträge Z_1, Z_2 usw. zu bilden. Der Winkel ist gleich der Summe der Winkel der Größen $\mathfrak{Z}_1$, $\mathfrak{Z}_2$ usw.

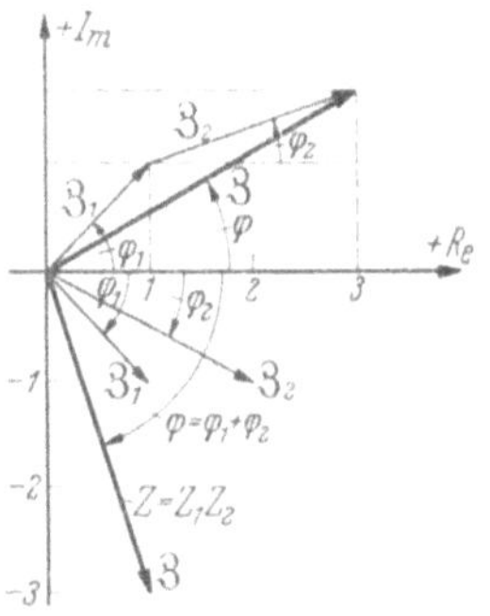

Bild 69. Addition und Multiplikation komplexer Größen

Die gerichtete Größe $\mathfrak{Z}$ in der Lage von Bild 68 kann man als Summe zweier gerichteter Größen auffassen, für die es unendlich viele Möglichkeiten gibt. Wir wollen sie aus den Projektionen X und Y auf die Achsen entstanden denken. Nach der Eulerschen Formel ist für die Einheitsgröße $|\mathfrak{Z}| = 1$:

$$\mathfrak{Z} = \cos\varphi + j\sin\varphi = e^{j\varphi}\,. \quad (18.5a)$$

Ist φ ein Winkel, der proportional der Zeit t wächst, so ist mit dem Proportionalitätsfaktor ω:

$$\mathfrak{Z} = \cos\omega t + j\sin\omega t = e^{j\omega t}\,. \quad (18.5b)$$

$\mathfrak{Z}$ ist ein umlaufender Zeiger mit der Umlaufgeschwindigkeit:

$$\omega = 2\pi f \text{ und der Frequenz } f\,. \quad (18.6)$$

Nach einer Drehung um $\pm 90°$ oder $\pm \pi/2$ hat der Zeiger eine Lage:

$$\mathfrak{Z} = \cos 90^\circ \pm j \sin 90^\circ = \pm j = e^{\pm j\pi/2}. \qquad (18.7)$$

Der „imaginäre Operator" $\pm j$ bedeutet die Drehung einer gerichteten Größe um $\pm 90^\circ$. Es tritt daher bei Drehungen

$$\begin{aligned} &\text{um } \pm\ 90^\circ \text{ der Faktor } \pm j \\ &\text{um } \pm 180^\circ \text{ der Faktor } -1 \\ &\text{um } \pm 270^\circ \text{ der Faktor } \mp j \text{ usw. zu } \mathfrak{Z} \text{ hinzu.} \end{aligned} \qquad (18.8)$$

Die Komponenten von (.5b) als Projektionen auf die Achsen eines Achsenkreuzes wachsen mit der Zeit nach dem Sinus- bzw. Kosinusgesetz. Man wählt diese Darstellung zur Veranschaulichung der harmonischen Schwingung x mit der Amplitude A und der Kreisfrequenz ω:

$$x = A \cos \omega t + j A \sin \omega t = A e^{j\omega t}. \qquad (18.9)$$

In *Bild 70* ist die Abszissenachse die Projektionsachse für die Kosinuswerte. Gleichung (.9) enthält die Exponentialform der harmonischen Schwingung. An sich würde schon eine der Komponenten die harmonische Schwingung beschreiben. Die Verwendung der Exponentialform bietet jedoch vielfach große Vorteile für die Rechnung.

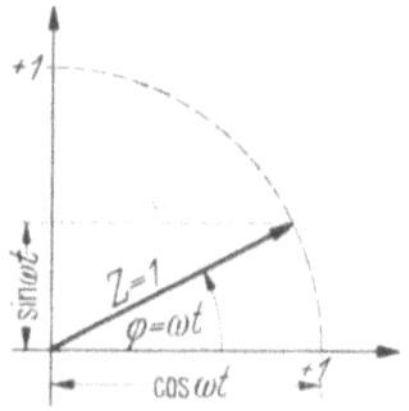

Bild 70. Umlaufender Zeiger $\mathfrak{Z}$ mit der Umlaufgeschwindigkeit ω

Wenn wir nur die Sinuskomponente von (.9) betrachten und annehmen, daß die Lage des Zeigers zur Zeit $t = 0$ den Winkel φ hat, so ist für die Schwingung anzuschreiben:

$$x = A \sin (\omega t + \varphi) \qquad (18.10)$$

und durch Anwendung einer bekannten trigonometrischen Formel:

$$x = A_1 \cos \omega t + A_2 \sin \omega t \qquad (18.11)$$

$$\text{mit } A_1 = A \sin \varphi \text{ und } A_2 = A \cos \varphi.$$

Man kann daher eine Schwingung, die zur Zeit $t = 0$ mit dem Winkel φ beginnt, als Summe einer Sinusschwingung mit der Amplitude A_1 und einer Kosinusschwingung mit der Amplitude A_2 auffassen.

§ 19. Die Übergangsfunktion des Einspeichersystems

In Anlehnung an unser in §§ 3 bis 5 gewähltes Beispiel einer Gasrohrregelstrecke wollen wir die zeitlichen Vorgänge bei der Ladung und Entladung eines Speichers prinzipiell betrachten, ohne zunächst regeltechnische Zusatzbedingungen zu untersuchen. Daher ergänzen wir die Schaltung (*Bild 71*)

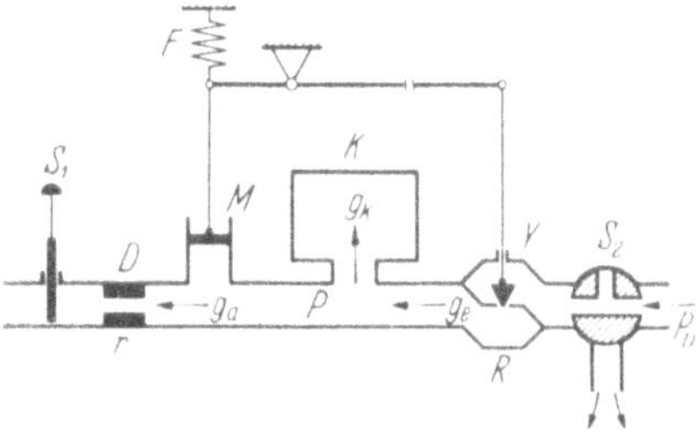

Bild 71. Mechanisches Einspeichersystem

durch einen Schieber S_1 und einen Dreiwegehahn S_2 und lassen den Regler außer Tätigkeit, was durch eine Unterbrechung des Reglergestänges angedeutet ist. Der Schieber S_1 sperre den Gasabfluß ab (abfließender Gasstrom $g_a = 0$). Der Dreiwegehahn werde aus der Lage, in der die Gasquelle P_v abgeschaltet und der Speicher mit dem Außenraum verbunden ist (Speicher entladen), plötzlich in die Lage gedreht, in der die Verbindung mit dem Außenraum unterbrochen und Verbindung mit der Gasquelle hergestellt ist. Auf den Speicher wirkt sprunghaft der Druck P_v, wobei wir annehmen wollen, daß der Dreiwegehahn widerstandslos ist und das Ventil Y, dessen Stellung nicht verändert wird, den konstanten Widerstand R hat. Der zufließende Gasstrom g_e lädt den Speicher ($g_K = g_e$) auf, dessen Druck allmählich zunimmt, bis nach längerer Zeit $P = P_v$ geworden ist und kein Strom mehr zufließt.

Der zufließende Gasstrom ist stets proportional dem Druckgefälle, das über dem Widerstand R liegt. In jedem Augenblick steht die Summe von Speicherdruck P und Druckgefälle $R \cdot g_e$ mit dem Druck P_v der Gasquelle im Gleichgewicht:

$$P + R \cdot g_e = P_v. \tag{19.1}$$

Ferner ist die gespeicherte Menge M einerseits gleich dem Zeitintegral des zugeflossenen Gasstromes g_e und anderseits gleich dem Produkt aus Speicherkapazität K und momentanem Druck P im Speicher:

$$M = \int g_e \, dt = K P. \tag{19.2}$$

Durch Differenzieren erhält man:

$$g_e = K \frac{dP}{dt} . \tag{19.3}$$

Mit (.1) erhalten wir als zeitlichen Verlauf des Speicherdrucks die Differentialgleichung:

$$RK \frac{dP}{dt} + P = P_v \tag{19.4}$$

$$T \dot{x}_a + x_a = x_e , \tag{19.4a}$$

letzteres in allgemeiner Schreibweise. Wir zerlegen den Speicherdruck P in zwei Teile, in den stationären Teil P' und in den Teil P'', der sich in der Zeit des Überganges vom Anfangswert zum Endwert dem stationären Teil überlagert:

$$P = P' + P''. \tag{19.5}$$

(.4) setzt sich aus den Gleichungen für die beiden Bestandteile zusammen:

$$RK \frac{dP'}{dt} + P' = P_v , \tag{19.6a}$$

$$RK \frac{dP''}{dt} + P'' = 0. \tag{19.6b}$$

In (.6a) ist nach einer Zeit, ab der stationäre Verhältnisse eingetreten sind, $dP'/dt = 0$, so daß:

$$P' = P_v \tag{19.7}$$

ist. Für (.6b) erhalten wir durch Trennung der Variablen:

$$\frac{dP''}{P''} + \frac{dt}{RK} = 0, \tag{19.8}$$

nach Integration:

$$\ln P'' + \frac{t}{RK} = \ln c \tag{19.9}$$

und durch Delogarithmieren:

$$P'' = c\, e^{-\frac{t}{RK}}. \tag{19.10}$$

Weil im Schaltmoment $t = 0$ die Energie keinen Sprung machen kann, der einen unendlich großen Wert dP/dt und als Folge in (.3) einen unendlich großen Strom g_e bewirken würde, ist im Schaltmoment der Druck im Speicher noch Null. Man erhält daher die Integrationskonstante c nach (.5) mit (.7) und (.10) aus:

$$P_{(t=0)} = P_v + c \cdot 1 = 0 \tag{19.11}$$

zu

$$c = -P_v. \tag{19.12}$$

Der Speicherdruck ergibt sich als Summe von (.7) und (.10):

$$P = P' + P'' = P_v \left(1 - e^{-\frac{t}{RK}}\right). \tag{19.13}$$

Diese Gleichung:

$$\frac{P}{P_v} = 1 - e^{-t/T} \text{ mit } T = RK \tag{19.14}$$

beschreibt den Übergang des Speicherdruckes vom bisherigen Beharrungswert Null auf einen neuen Beharrungswert P_v. Der Übergang nimmt exponentiellen Verlauf. Demselben Gesetz gehorcht auch der Übergang von einem Beharrungswert P_{v1} auf einen neuen Beharrungswert P_{v2}, so daß dann (.14) das zeitliche Verhalten des Wertes $\triangle P / \triangle P_v$ beschreibt. Ist der neue Beharrungswert P_{v2} niedriger als P_{v1}, so wird er gemäß einer abwärts verlaufenden e-Funktion erreicht.

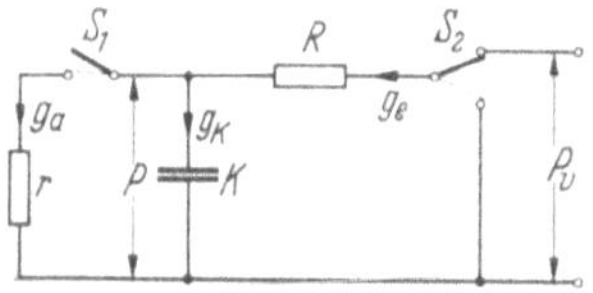

Bild 72. Elektrisches Einspeichersystem

Bild 72 zeigt ein elektrisches Beispiel mit den gleichen Bezeichnungen, das *analog* zur Gasrohrstrecke aufgebaut ist. Der Speicher ist durch einen Kondensator, der Strömungswiderstand des Ventils Y von Bild 71 durch einen Ohmschen Widerstand R und der Verbraucherwiderstand durch den Ohmschen Widerstand r dargestellt. Schalter S_1 kann den Verbraucherwiderstand zuschalten, Schalter S_2 die Verbindung mit der Netzspannung herstellen oder ein Kurzschließen des Kreises und eine Entladung des Kondensators bewirken. Das Beispiel hat den Vorteil, daß man mit Berechtigung von einer Konstanz der Widerstände R und r ausgehen kann (während diese oben für die Gasrohrstrecke zugrunde gelegte Annahme in Wirklichkeit nur unter speziellen Bedingungen und bei kleinen Druckänderungen gilt).

In Analogie zu unserem Regelbeispiel, in dem der Gasdruck bei abfließendem Gasstrom am Meßort konstant gehalten werden soll, ist in der Rechnung noch der Verbraucherwiderstand r zu berücksichtigen, der parallel zum Kondensator (bzw. Gasspeicher) liegt und dauernd einen Strom g_a aufnimmt. Wir nehmen auch hier eine sprunghafte Änderung der Spannungsquelle P_v (ohne Eingreifen des Reglers) vor. Der über R zufließende Strom g_e teilt sich in den Kondensatorstrom g_K und den Verbraucherstrom g_a, so daß in (.1) zu setzen ist:

$$R\,g_e = R\,(g_K + g_a) \tag{19.15}$$

$$\text{mit} \quad g_K = K\,dP/dt$$

$$g_a = P/r.$$

Wenn man die Rechnung im übrigen ganz entsprechend weiterführt, erhält man anstatt (.4):

$$RK\frac{dP}{dt} + \left(1 + \frac{R}{r}\right)P = P_v \tag{19.16}$$

und schließlich als Lösung anstatt (.14):

$$\frac{P}{P_v} = \frac{1}{1 + R/r}\left(1 - e^{-\frac{1 + R/r}{T}\,t}\right). \tag{19.17}$$

Auch in (.17) nimmt der Übergang auf den neuen Beharrungszustand exponentiellen Verlauf. Er erfolgt jedoch mit der Zeitkonstante $\frac{T}{1 + R/r}$, wobei im übrigen der Übertragungsfaktor den Wert $\frac{1}{1 + R/r}$ hat, der in (.14) den Wert 1 besaß. In Abhängigkeit der Belastung liegen demnach *unterschiedliche Betriebsfälle* mit verändertem Übertragungsfaktor und veränderter Zeitkonstante vor. Dies ist ein Beispiel dafür, wie sich die Kenndaten einer Regelstrecke je nach dem vorliegenden Betriebsfall ändern können. In *Bild 73* ist der

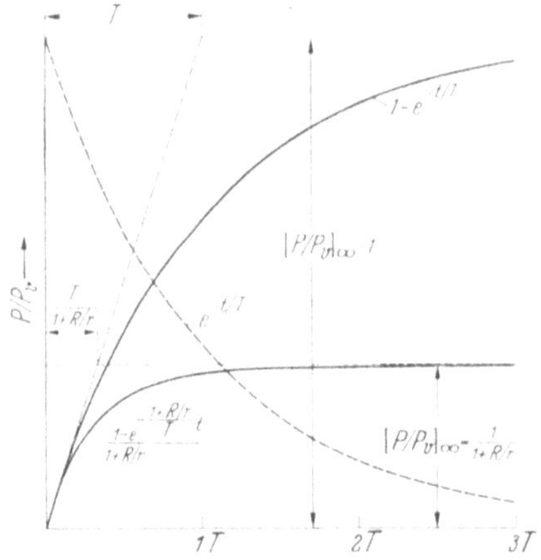

Bild 73. Übergangsfunktionen des Einspeichersystems

zeitliche Verlauf von P/P_v gemäß (.14) und (.17) aufgetragen. Wichtig für die Entnahme der Zeitkonstante aus einem Versuchsschrieb ist die Eigenschaft der Exponentialfunktion, daß die *Subtangente* jedes Kurvenpunktes die Zeit T auf der Asymptote abschneidet. Da in Abhängigkeit von der Belastung sowohl die Zeitkonstante als auch der Übertragungsfaktor um den gleichen Faktor $\frac{1}{1 + R/r}$ verkleinert sind, behält die Tangente im Nullpunkt denselben Winkel, so daß *die Anfangssteilheit des Vorganges unabhängig vom Belastungswiderstand r* ist. Entsprechende Verhältnisse liegen z. B. bei Drehzahlregelungen mechanisch belasteter Maschinen und im Ankerkreis spannungsgeregelter Gleichstrommaschinen vor.

§ 20. Die Übergangsfunktion des Zweispeichersystems

Um die Differentialgleichung der Form, wie sie in (5.13) und (5.15) vorliegt:

$$a_2 \ddot{x} + a_1 \dot{x} + a_0 x = c\, y \text{ bzw. } c\, w \text{ bzw. } c\, z \tag{20.1}$$

für einen Sprung von y bzw. w bzw. z zu lösen, spalten wir die Größe x in zwei Teile x_∞ und x_f. x_∞ stellt den Wert für den Zustand dar, der sich infolge einer sprunghaften Änderung nach sehr langer Zeit einstellt, in dem sich x nicht mehr ändert und daher die Ableitungen in (.1) gleich Null werden. Wir erhalten z. B. für einen Sprung von y:

$$a_0\, x_\infty = c\, y\,. \tag{20.2}$$

Der zweite Teil x_f ist der Übergangswert, der sich aus dem momentanen Gesamtwert x unter Abzug des stationären Wertes x_∞ ergibt. Wir erhalten ihn aus der homogenen Differentialgleichung:

$$a_2 \ddot{x}_f + a_1 \dot{x}_f + a_0 x_f = 0. \tag{20.3}$$

Ihre Lösung suchen wir mittels des bei solchen Gleichungen erfahrungsgemäß brauchbaren Ansatzes: $x_f = C\, e^{\alpha t}$. Diesen sowie seine erste und zweite Ableitung in (.3) eingesetzt ergibt die charakteristische Gleichung:

$$a_2 \alpha^2 + a_1 \alpha + a_0 = 0. \tag{20.3a}$$

Ihre Wurzeln errechnen sich auf bekannte Weise zu:

$$\alpha_{1,2} = -\delta \pm \omega_0 \sqrt{D^2 - 1} \tag{20.4}$$

$$\text{mit} \quad \delta = \frac{a_1}{2\, a_2} \tag{20.4a}$$

$$\omega_0 = \sqrt{\frac{a_0}{a_2}} \tag{20.4b}$$

$$D = \frac{\delta}{\omega_0} = \frac{a_1}{2\sqrt{a_2 a_0}}. \tag{20.4c}$$

Der Dämpfungsgrad D hat bei rückwirkungsfreier Hintereinanderschaltung den Wert $\geqq 1$, d. h. bei Hintereinanderschaltung von zwei voneinander unabhängigen Einspeichersystemen. Der Kleinstwert 1 tritt bei Zeitengleichheit $T_1 = T_2 = T$ auf. $D < 1$ tritt auf, wenn ein System zwei nicht trennbare Speicher enthält. Dies sind Systeme, welche zwei Speichermöglichkeiten in sich beinhalten, wie z. B. das Pendel (potentielle und kinetische Energie). Sie lassen sich nicht auf erstere zurückführen. Hierzu gehört auch der geschlossene Regelkreis, dessen entdämpfende Wirkung z. B. (5.17) zeigt. *Bild 74* zeigt mehrere Übergangsfunktionen für

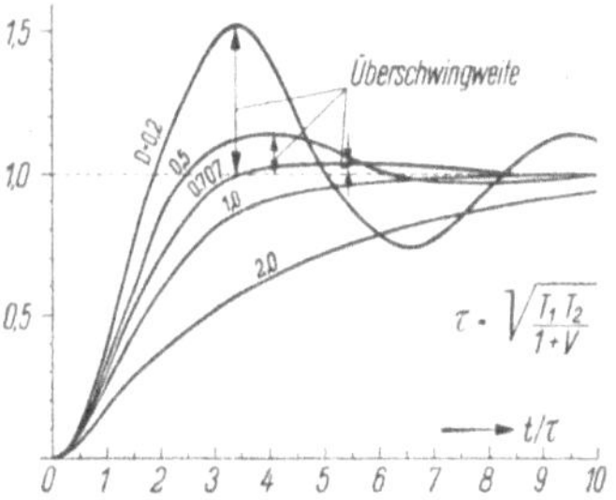

Bild 74. Übergangsfunktionen eines Zweispeichersystems für verschiedene Dämpfungsgrade D, entsprechend einem Amplitudenrückgang α (in %) je Halbschwingung:

D =	0,2	0,5	0,707	1,0	2,0
α % =	53	16	4	–	–

verschiedene Dämpfungsgrade. Um nicht spezielle, sondern allgemein gültige Kurven zu erhalten, wurde die Zeit „normiert" aufgetragen, indem sie auf die Bezugszeit τ bezogen wurde, mit $V = V_S V_P$ gemäß (4.4).

Wir betrachten zunächst $\underline{D > 1}$. Es sind zwei Wurzeln vorhanden, so daß wir den Ansatz auf

$$x_f = C_1 e^{\alpha_1 t} + C_2 e^{\alpha_2 t} \tag{20.5}$$

erweitern müssen. Die Konstanten erhalten wir aus den Anfangsbedingungen. Für den Anfang ist $x_f = -x_\infty$ und

$\dot{x}_f = 0$, da für $t = 0$ noch der alte Zustand besteht, d. h. $x_\infty - x_f = 0$ ist und auch noch keine „Bewegung“ vorliegt. Man erhält:

$$C_1 = \frac{\alpha_2}{\alpha_1 - \alpha_2} x_\infty = -\frac{T_1}{T_1 - T_2} x_\infty$$

$$C_2 = -\frac{\alpha_1}{\alpha_1 - \alpha_2} x_\infty = \frac{T_2}{T_1 - T_2} x_\infty,$$

mit den Zeitkonstanten T_1 und T_2 zweier rückwirkungsfreier Systeme. Als Lösung für den Übergangswert ergibt sich:

$$x_f = \left(-\frac{T_1}{T_1 - T_2} e^{-t/T_1} + \frac{T_2}{T_1 - T_2} e^{-t/T_2}\right) x_\infty$$

und für den Gesamtwert x als Summenwert infolge Überlagerung des freien Übergangswertes über den stationären Endwert:

$$\frac{x}{x_\infty} = 1 - \frac{T_1}{T_1 - T_2} e^{-t/T_1} + \frac{T_2}{T_1 - T_2} e^{-t/T_2}, \tag{20.6}$$

mit x_∞ gemäß (.2). Man erhält Kurven, die in den Endwert aperiodisch übergehen.

Für $\underline{D < 1}$ wird die Wurzel in (.4) imaginär:

$$\alpha_{1,2} = -\delta \pm j\,\omega_e \text{ mit } \omega_e = \sqrt{\omega_0^2 - \delta^2}.$$

Nach einigen Umformungen bei Beachtung der komplexen Rechenmethoden ergibt sich schließlich[1]):

$$\frac{x}{x_\infty} = 1 - e^{-\delta t}\left(\cos\omega_e t + \frac{\delta}{\omega_e}\sin\omega_e t\right) \tag{20.7}$$

$$\left(\text{für schwache Dämpfung: } \frac{x}{x_\infty} \approx 1 - e^{-\delta t}\cos\omega_e t\right), \tag{20.7a}$$

eine Kurve, die sich aus einem Kosinus- und einem Sinusglied zusammensetzt und entsprechend dem Exponenten δ abklingt.

Für den Sonderfall $\underline{D = 1}$, dem aperiodischen Grenzfall, muß man anders vorgehen[2]). Das Ergebnis ist:

[1]) S. Sammlung Göschen, Bd. 1070, F. Sauter, Differentialgleichungen der Physik.

[2]) S. die letzte Fußnote.

$$\frac{x}{x_\infty} = 1 - e^{-\delta t}(1 + \delta t). \tag{20.8}$$

Die Bedeutung der Dämpfungsverhältnisse hat in der Schwingungstechnik zur Ausbildung bestimmter Dämpfungsbegriffe geführt. Sie seien in folgendem zusammengestellt:

$\omega_e = 2\pi f_e$ = Eigenkreisfrequenz der gedämpften freien Schwingung,

$\omega_0 = 2\pi f_0$ = Kennkreisfrequenz, die sich für den Fall eines dämpfungslosen Systems bei gleichen Speicherwerten ergeben würde,

δ = Abklingkonstante bzw. Anschwellkonstante,

$D = \delta/\omega_0$ = Dämpfungsgrad,

ϑ = log. Dekrement (bzw. Inkrement bei Anschwellverhältnissen) = dem Logarithmus des Amplitudenverhältnisses von zwei um 1 Periode auseinanderliegenden Amplituden,

$\frac{T}{\vartheta} = \frac{1}{f_e \vartheta} = \frac{1}{\delta}$ = Abkling- bzw. Anschwellzeit, nach deren Ablauf die Amplitude auf den e-ten Teil gesunken bzw. auf das e-fache gestiegen ist.

§ 21. Zum Verständnis der Begriffe komplexe Amplitude und negative sowie komplexe Frequenz

Der Meßwert einer Schwingung, z. B. eines Pendels, ist eine reelle Größe. Der jeweilige Abstand von der Nullage sei in cm angebbar. Er ändert sich im Takte einer bestimmten Frequenz und hat einen maximalen Wert (Amplitude). Angesichts dieser physikalischen Realität fällt es schwer, sich unter negativen und komplexen Frequenzen sowie unter komplexen Amplituden etwas vorzustellen. Wir sahen bereits in (18.10) und (18.11), daß man eine harmonische Schwingung, die mit der Phase φ zur Zeit $t = 0$ beginnt, als Summe einer Sinus- und einer Kosinusschwingung auffassen kann, also als

Summe zweier harmonischer Schwingungen, die gegeneinander um 90° phasenverschoben sind (*Bild 75*). Wenn wir für (18.11)

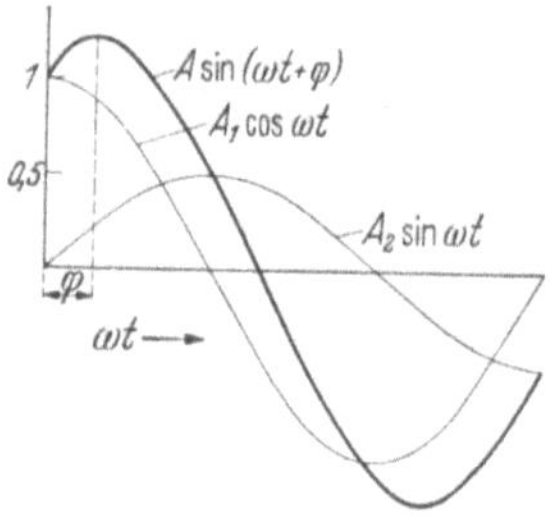

Bild 75. Die harmonische Schwingung als Summe einer Sinus- und einer Kosinusschwingung

die Formeln der komplexen Rechnung:

$$\begin{aligned} \sin\alpha &= \frac{1}{2j}\left(e^{-j\alpha} - e^{-j\alpha}\right); \\ \cos\alpha &= \frac{1}{2}\left(e^{j\alpha} + e^{-j\alpha}\right) \end{aligned} \qquad (21.1)$$

berücksichtigen, erhalten wir:

$$\begin{aligned} x &= \frac{1}{2} e^{j\omega t}(A_1 - jA_2) + \frac{1}{2} e^{-j\omega t}(A_1 + jA_2) \\ &= \frac{1}{2} B e^{-j\varphi} e^{j\omega t} + \frac{1}{2} B e^{j\varphi} e^{-j\omega t} \\ &= \frac{1}{2} B_1 e^{j\omega t} + \frac{1}{2} B_2 e^{-j\omega t}. \end{aligned} \qquad (21.2)$$

Hiermit wird die Schwingung x durch zwei umlaufende Zeiger dargestellt, von denen der eine entsprechend dem „Dreher" $e^{j\omega t}$ positiv und der andere entsprechend dem Dreher $e^{-j\omega t}$ negativ herumläuft (*Bild 76*). Bei $t = 0$, der im Bild gezeichneten Lage, hat der positiv umlaufende Zeiger die Phase $-\varphi$ und der negativ umlaufende die Phase $+\varphi$. Die Endpunkte der Zeiger liegen in jedem Augenblick spiegelbildlich zur reellen Achse. Bei Umwandlung der Drehfaktoren $e^{j\omega t}$ und $e^{-j\omega t}$ nach der Eulerschen Formel (18.5a) zeigt sich, daß sich die imaginären Komponenten infolge ihres entgegengesetzten Vorzeichens aufheben, während die reellen sich addieren, also den doppelten Wert einer Komponente bilden.

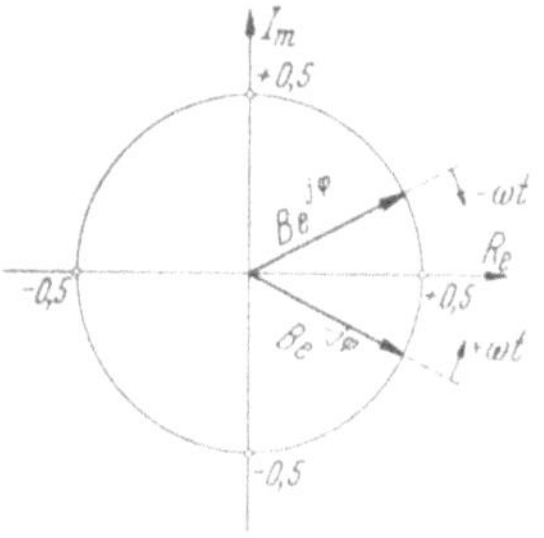

Bild 76.
Darstellung einer Schwingung durch zwei umlaufende Zeiger

Da in (.2) mit $+\omega$ bzw. $-\omega$ positive und negative Kreisfrequenzen auftreten, obwohl die Ausgangsgleichung (18.11) nur eine positive Frequenz enthält, hat der Rechengang eine *Erweiterung in den negativen Bereich* gebracht, die in Formeln, in denen die Kreisfrequenz ω von 0 bis ∞ zu variieren ist, eine Erweiterung des Frequenzbandes von $-\infty$ über 0 bis zu $+\infty$ bedeutet. Die Amplituden der mit (.2) gewonnenen Schreibweise haben die komplexen Werte $A_1 - j A_2 = B e^{-j\varphi}$ und $A_1 + j A_2 = B e^{j\varphi}$. Diese „*komplexen Amplituden*" sagen mit ihrer komplexen Natur über die Phasenlage der Zeiger zur Zeit $t = 0$ aus. Bei linearen Aufgaben kann man im allgemeinen mit *einem* Zeiger arbeiten und das Doppelte seiner reellen Komponente als Rechenergebnis ansehen.

Während dies die harmonischen Schwingungen betraf, ist für den allgemeinen Fall, der auch abklingende und anschwellende Schwingungen einschließen soll, in (.2) der Faktor $e^{-\delta t}$ den Zeigern $\frac{1}{2} B_1 e^{j\omega t}$ bzw. $\frac{1}{2} B_2 e^{-j\omega t}$ zuzufügen. Wir erhalten somit z. B. den Zeiger:

$$\frac{1}{2} B_1 e^{-\delta t} e^{j\omega t} = \frac{1}{2} B_1 e^{j(\omega + j\delta) t}, \qquad (21.3)$$

wobei positives δ Abkling- und negatives δ Aufklingverhältnisse erfaßt. Durch δ wird der Frequenzbegriff erweitert. (.3) enthält anstatt der Frequenz ω die „*komplexe Frequenz*" $(\omega + j\delta)$, wobei $\delta = 0$ den *Spezialfall* harmonischer Schwingungen bedeutet. Oft ist es üblich, auch $j\omega$ als „Frequenz“ zu bezeichnen (abgekürzt mit p). Entsprechend wird *dann*

$$p = j\,\omega - \delta = j\,(\omega + j\,\delta) \tag{21.4}$$

als „komplexe Frequenz“ bezeichnet. Die Kurven für Abklingverhältnisse würden in Bild 76 nicht mehr zwei sich völlig deckende Kreise sein, auf denen sich die beiden Zeigerspitzen bewegen, sondern Spiralen, die in der jeweiligen Drehrichtung (also mit zunehmender Zeit) dem Ursprung zustreben. Die Verhältnisse für $\delta \neq 0$ bedeuten Vorgänge, die eintreten, wenn man die Schwingungsamplituden entsprechend der Konstante δ abklingen bzw. anschwellen lassen würde.

§ 22. Frequenzganggleichungen

a) Allgemeines

Zur Berechnung der Frequenzgänge (Definition s. § 2) für die Grundformen von Regelkreisgliedern schreiben wir die erregende harmonische Schwingung x_e am Eingang eines Elementes in der Form von (18.9) an, wobei wir für den die Schwingung symbolisierenden Zeiger dieselbe Bezeichnung x usw. benutzen, wie früher für die Größen bei sprunghaften Änderungen:

$$x_e = A\,e^{j\,\omega\,t}. \tag{22.1}$$

Hieraus: $$\dot{x}_e = A\,j\,\omega\,e^{j\,\omega\,t} = j\,\omega\,x_e. \tag{22.1a}$$

Die als Wirkung am Ausgang des Elementes auftretende Schwingung x_a hat eine Amplitude B, die gegenüber der Eingangsamplitude um den Winkel β phasenverschoben ist:

$$x_a = B\,e^{j\,(\omega\,t + \beta)}\,. \tag{22.2}$$

Hieraus: $$\dot{x}_a = B\,j\,\omega\,e^{j\,(\omega\,t + \beta)} = j\,\omega\,x_a \tag{22.2a}$$

$$\ddot{x}_a = B\,(j\,\omega)^2\,e^{j\,(\omega\,t + \beta)} = -\,\omega^2\,x_a. \tag{22.2b}$$

Das Verhältnis von Ausgangsgröße x_a zu Eingangsgröße x_e ist der Frequenzgang $F\,(j\,\omega)$:

$$\frac{x_a(j\,\omega)}{x_e(j\,\omega)} = F\,(j\,\omega) \tag{22.3}$$

Er ist eine komplexe Funktion von ω.

b) Proportionalglied ohne Verzögerung

Infolge des Wegfalls jeder Verzögerung folgt die Ausgangsschwingung *momentan* der Eingangsschwingung in gleicher Phasenlage ($\beta = 0$) und mit einer Amplitudengröße, die dem Verstärkungsfaktor v (z. B. = 2) entspricht. Der Frequenzgang ist:

$$F(j\,\omega) = x_a/x_e = v. \tag{22.4}$$

Wir wollen fortlaufend auch die inverse Beziehung (18.2) anschreiben:

$$\frac{1}{F(j\omega)} = \frac{x_e}{x_a} = \frac{1}{v}. \tag{22.4a}$$

In *Bild 77a* ist der Frequenzgang gemäß (.4) gezeichnet. Er ist ein Punkt (gleicher Wert für alle Frequenzen) und liegt

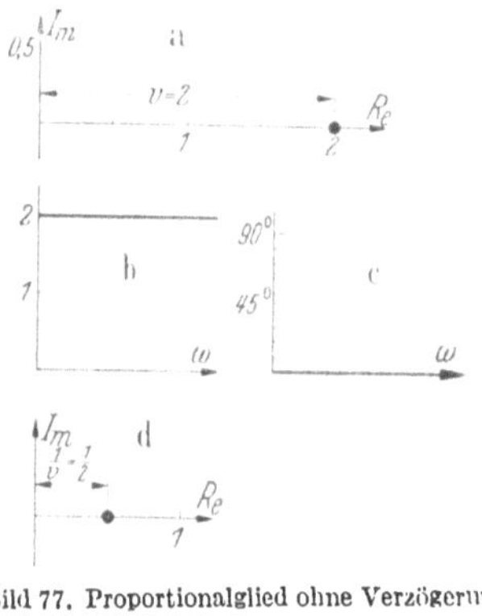

Bild 77. Proportionalglied ohne Verzögerung
a) Ortskurve des Frequenzganges
b) Amplitudengang
c) Phasengang
d) Ortskurve des inversen Frequenzganges

auf der reellen Achse, da eine imaginäre Komponente fehlt. Das Gleiche gilt für die inverse Beziehung, die in Bild d dargestellt ist. Den Amplituden- und den Phasengang zeigen Bild b und c (für a). Er ist für ersteren eine Parallele zur Abszisse durch den Ordinatenpunkt, der dem Wert v entspricht, und für den Phasenwinkel die Abszissenachse selbst, da die Phasendifferenz (-verschiebung) für alle Frequenzen gleich Null ist.

c) Proportionalglied mit Verzögerung

Die Differentialgleichung des Proportionalgliedes mit Verzögerung lautet gemäß (19.4a):

$$T\,\dot{x}_a + x_a = x_e. \tag{22.5}$$

Wir erhalten mit (.2a):

$$j\,\omega\,T\,x_a + x_a = x_e \tag{22.5a}$$

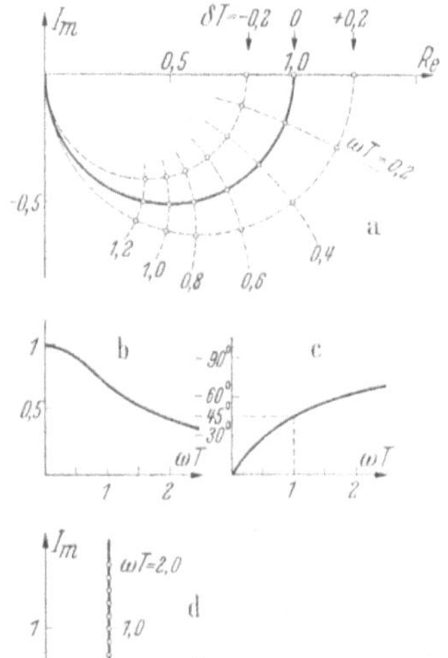

Bild 78. Proportionalglied mit Verzögerung

a) Ortskurve des Frequenzganges
b) Amplitudengang für $\delta = 0$
c) Phasengang für $\delta = 0$
d) Ortskurve des inversen Frequenzganges für $\delta = 0$

und hieraus den Frequenzgang:

$$\left.\begin{aligned} F(j\omega) &= \frac{x_a}{x_e} = \frac{1}{1 + j\omega T} = Re + j\,Im = \\ &\frac{1}{1 + \omega^2 T^2}(1 - j\omega T). \end{aligned}\right\} \quad (22.6)$$

Der rechte Ausdruck enthält die Zerlegung in reelle und imaginäre Komponente. *Bild 78* zeigt die Frequenzgänge, wobei in Bild a zunächst nur die Kurve für $\delta\, T = 0$ zu betrachten ist. Das Amplitudenverhältnis (hier ist der Verstärkungsfaktor $v = 1$ gesetzt) wird mit zunehmender Frequenz kleiner, um für $\omega \to \infty$ Null zu werden. Der inverse Frequenzgang ist:

$$\frac{1}{F(j\omega)} = Re + j\,Im = 1 + j\omega T. \qquad (22.7)$$

Beinhaltet das Glied eine Verstärkung $v \neq 1$, ist rechts noch mit v bzw. mit $\frac{1}{v}$ zu multiplizieren. In diesem wie auch in den folgenden Bildern sind den Ortskurven die Frequenzskalen beigeschrieben.

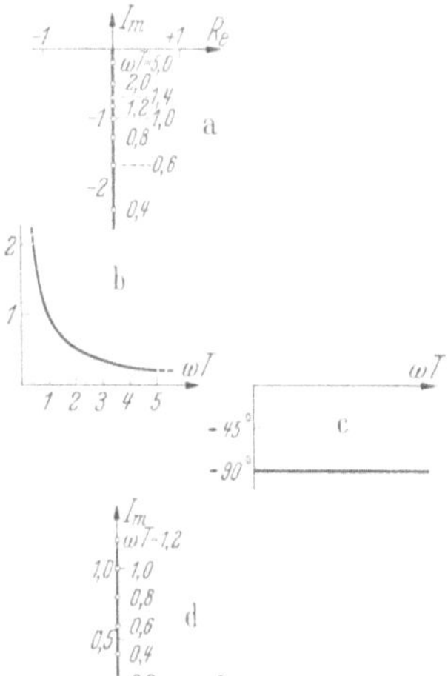

Bild 79. Integrator
a) Ortskurve des Frequenzganges
b) Amplitudengang
c) Phasengang
d) Ortskurve des inversen Frequenzganges

d) Integrales Glied (Integrator)

Ein integrales Glied hat gemäß (6.2) die Differentialgleichung (das negative Vorzeichen in (6.2) bewirkt den *Regelsinn* des dort betrachteten, auf ein Stellglied arbeitenden Reglers und soll hier für die Betrachtung eines *allgemeinen* Bauelementes außer acht bleiben):

$$T\,\dot{x}_a = x_e. \qquad (22.8)$$

Mit (.2a) ergeben sich die Frequenzgänge (*Bild 79*):

$$\left.\begin{aligned} F(j\omega) &= \frac{x_a}{x_e} = \frac{1}{j\omega T} = j\,Im = -j\frac{1}{\omega T} \\ \frac{1}{F(j\omega)} &= j\,Im = j\omega T. \end{aligned}\right\} \quad (22.9)$$

e) Differenzierendes Glied (Differentiator)

Die Differentialgleichung des Gliedes mit differenzierenden Eigenschaften (*Vorhalteglied*) lautet (s. § 8):

$$x_a = T\,\dot{x}_e. \quad (22.10)$$

Mit (.1a) ergibt sich der Frequenzgang (*Bild 80*):

$$\left.\begin{aligned} F(j\omega) &= \frac{x_a}{x_e} = j\,Im = j\omega T \\ \frac{1}{F(j\omega)} &= \frac{1}{j\omega T} = j\,Im = -j\frac{1}{\omega T}. \end{aligned}\right\} \quad (22.11)$$

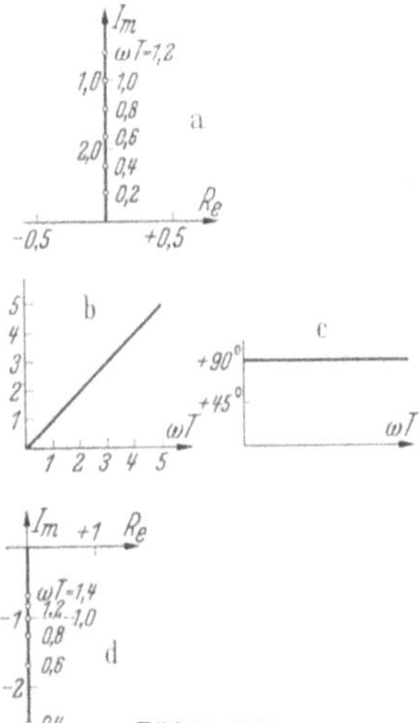

Bild 80. Differentiator
a) Ortskurve des Frequenzganges
b) Amplitudengang
c) Phasengang
d) Ortskurve des inversen Frequenzganges

f) Regelkreisglied mit reiner Totzeit

Ein Regelkreisglied mit reiner Totzeit (s. auch § 10) ist ein Element, in dem sich eine Eingangsgröße infolge einer endlichen Fortpflanzungsgeschwindigkeit erst nach einiger Zeit am Ausgang bemerkbar machen kann. Wir können „Verzerrungen" unbeachtet lassen, die bei längeren Laufzeitstrecken in manchen Gebieten der Technik eine Rolle spielen. Die Ausgangsgröße erscheint dann ungeschwächt nach einer durch Streckenlänge und Fortpflanzungsgeschwindigkeit bestimmten Zeit, unabhängig davon, welche Frequenz die Größe hat. Infolgedessen ist die Phasenverschiebung proportional ω, wenn T_t der konstante Wert der Totzeit ist.

Die Ausgangsgröße des Totzeitgliedes ist somit:

$$x_a = x_e\, e^{-j\omega T_t}, \tag{22.12}$$

so daß sich folgende Frequenzgänge ergeben (*Bild 81*):

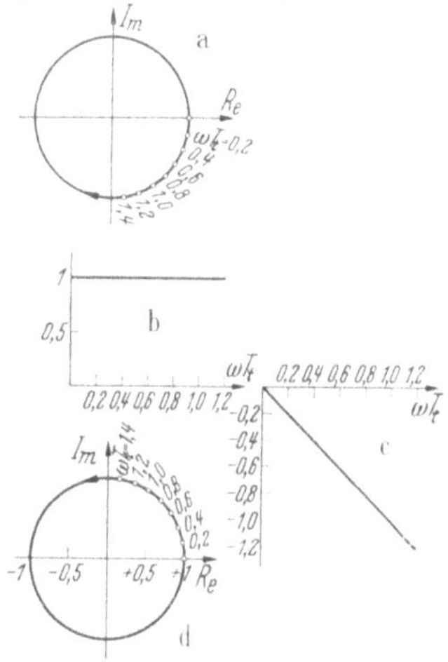

Bild 81. Totzeitglied

a) Ortskurve des Frequenzganges
b) Amplitudengang
c) Phasengang (im Bogenmaß)
d) Ortskurve des inversen Frequenzganges

$$F(j\omega) = \frac{x_a}{x_e} = e^{-j\omega T_t}\,; \quad \frac{1}{F(j\omega)} = e^{j\omega T_t}. \tag{22.13}$$

Die Ortskurve F ist ein Kreis, ebenso die invertierte Ortskurve $1/F$. Beide besitzen die gleiche durch T_t gegebene Frequenzteilung, jedoch im entgegengesetzten Drehsinn. Beinhaltet das Glied eine Verstärkung $v \neq 1$, so ist mit v bzw. $1/v$ zu multiplizieren.

g) Hintereinanderschaltung von Regelkreisgliedern

Der Frequenzgang zweier in Serie liegender Elemente ist der Quotient aus dem Ausgangswert des zweiten Gliedes x_{a2} und dem Eingangswert x_{e1} des ersten:

$$F(j\omega) = x_{a2}/x_{e1}. \tag{22.14}$$

Da der Eingangswert x_{e2} des zweiten Gliedes identisch gleich dem Ausgangswert x_{a1} des ersten Gliedes ist, können wir mit $\frac{x_{a1}}{x_{e2}} = 1$ erweitern und passend gruppieren:

$$\left.\begin{aligned} F(j\omega) &= \frac{x_{a1}}{x_{e1}} \cdot \frac{x_{a2}}{x_{e2}} = F_1(j\omega) \cdot F_2(j\omega) \\ \frac{1}{F} &= \frac{1}{F_1 \cdot F_2}. \end{aligned}\right\} \tag{22.15}$$

Der Frequenzgang der Hintereinanderschaltung ist gleich dem Produkt der Frequenzgänge der Einzelglieder. Die Regel läßt sich auf die Hintereinanderschaltung beliebig vieler Glieder erweitern, solange Rückwirkungen zwischen irgend welchen Gliedern nicht bestehen. Da die Frequenzgänge komplexe Größen sind, muß die Multiplikation nach den Regeln der komplexen Rechnung (18.4) durchgeführt werden. *Bild 82* zeigt die Ortskurven von 2 und 3 hintereinanderge-

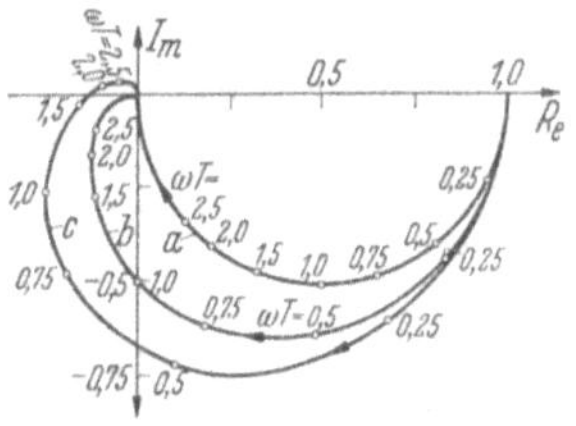

Bild 82. Frequenzgänge von Hintereinanderschaltungen:
b) zwei gleiche Glieder wie a)
c) drei gleiche Glieder wie a)

schalteten Proportionalgliedern mit Verzögerung. Man beachte den Einlauf in den Ursprung ($\omega \to \infty$) unter dem Winkel von $-90°$ bei einem Glied, von $-180°$ bei 2 und von $-270°$ bei 3 hintereinandergeschalteten Gliedern, gegeben dadurch, daß sich bei der Multiplikation komplexer Größen gemäß (18.4) die Winkel addieren (die bei jedem Einzelglied für $\omega \to \infty$ den Wert $-90°$ haben, so daß der resultierende

Winkel für n Glieder $- n \cdot 90°$ ist). Die Gesamtschaltungen können auch als *Proportionalglied mit Verzögerung 2. und 3. Ordnung* bezeichnet werden. *Bild* 83 zeigt Amplituden-

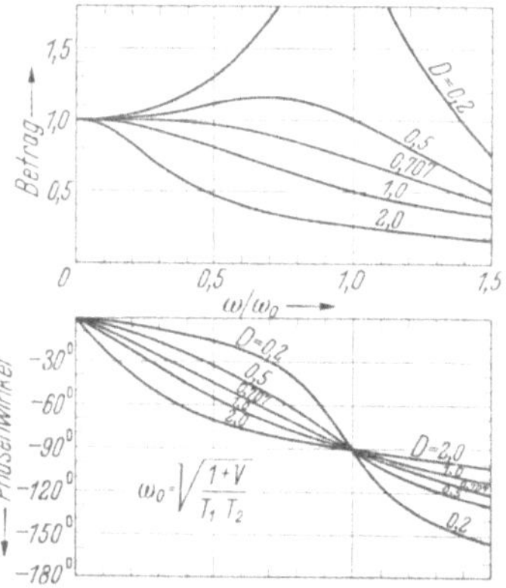

Bild 83. Amplituden- und Phasengang eines Zweispeichersystems
D = Dämpfungsgrad (vergl. Bild 74)

und Phasengang eines Zweispeichersystems für dieselben Dämpfungsgrade D wie in Bild 74.

h) Parallelschaltung von Regelkreisgliedern

Bei der Parallelschaltung liegt am Eingang jedes Gliedes dieselbe Eingangsgröße x_e, während die Ausgangsgrößen sich addieren. Man erhält somit:

$$F(j\omega) = \frac{x_{a1} + x_{a2} + \dots}{x_e} = \frac{x_{a1}}{x_e} + \frac{x_{a2}}{x_e} \dots = F_1(j\omega) + F_2(j\omega) + \dots$$

$$\frac{1}{F} = \frac{1}{F_1 + F_2 + \dots}. \tag{22.16}$$

Für die Rechnung gelten hier die Formeln (18.3). Als Beispiel ist in *Bild 84* die Ortskurve der Parallelschaltung eines verzögerungsfreien Proportionalgliedes, eines integralen und eines differenzierenden Gliedes — einer Schaltung, die auch beim *PID*-Regler vorliegt — aufgetragen:

$$F = v + \frac{1}{j\omega T_i} + j\omega T_d = v\left[1 - j\frac{1}{v}\left(\frac{1}{\omega T} - \omega T\right)\right],$$

wobei $v = 2$ und $T_i = T_d = T$ gewählt ist, also die Bilder 77, 79 und 80 verwendet wurden.

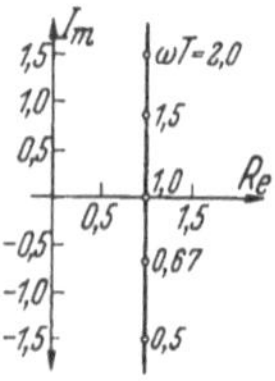

Bild 84. Frequenzgang einer Parallelschaltung $F = v + \frac{1}{j\omega T_i} + j\omega T_d$

i) Gegenschaltung

Bei der Gegenschaltung (*Bild 85*), die sowohl bei Rückführungsschaltungen als auch insbesondere bei der Zusammenschaltung von Regelstrecke und Regler vorliegt, ist die Ausgangsgröße x_a der Schaltung identisch gleich der Ausgangsgröße x_{a1} des Vorwärtsgliedes mit dem Frequenzgang F_1 und gleich der Eingangsgröße x_{e2} des Rückwärtsgliedes mit dem Frequenzgang F_2, so daß $x_a = x_{a1} = x_{e2}$ ist. Die Ausgangsgröße x_{a2} des Rückwärtsgliedes wirkt indessen der Schaltungs-Eingangsgröße x_e entgegen. Die Differenz $x_e - x_{a2}$ ist die Eingangsgröße x_{e1} des Vorwärtsgliedes:

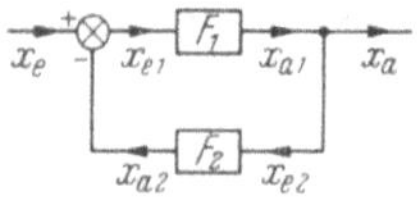

Bild 85. Gegenschaltung

$$x_{e1} = x_e - x_{a2}.$$

Man erhält somit den Frequenzgang:

$$\left.\begin{aligned} F &= \frac{x_a}{x_e} = \frac{x_a}{x_{e1} + x_{a2}} = \frac{1}{\frac{x_{e1}}{x_a} + \frac{x_{a2}}{x_a}} = \frac{1}{\frac{x_{e1}}{x_{a1}} + \frac{x_{a2}}{x_{e2}}} \\ &= \frac{1}{1/F_1 + F_2} = \frac{F_1}{1 + F_1 F_2}. \end{aligned}\right\} \quad (22.17)$$

k) Beziehungen zwischen Übergangsfunktion und Frequenzgang

Übergangsfunktion und Frequenzgang sind verschiedene Ausdrucksmittel für die Beschreibung der zeitlichen Vorgänge in ein und derselben Anordnung, lediglich entstanden durch verschiedenartiges Vorgehen bei der Untersuchung. Beide sind durch mathematische Gesetze verbunden. Zu einem bestimmten Frequenzgang gehört eine bestimmte Übergangsfunktion (des Ausgangs zum Eingangssprung). Beim Vergleich der Kurven ergeben sich folgende Beziehungen:

α) Der Endwert der Ordinate der Übergangsfunktion (für große Werte der Abszisse, d. h. für $t \to \infty$) ist gleich der Amplitude für den Anfang der Frequenzgangkurve, in dem $\omega = 0$ ist (vergl. Bild 73 und 78).

β) Der Wert der Ordinate für den Anfang der Übergangsfunktion (d. h. bei $t = 0$) ist gleich der Amplitude für das Ende der Frequenzgangkurve, in dem $\omega \to \infty$ ist (vergl. auch hierzu Bild 73 und 78).

γ) Ferner kann man aus dem Verlauf des ersten Teiles der Übergangsfunktion (für kleine Werte von t) auf den Einlaufwinkel der Frequenzgangkurve in ihren Endwert ($\omega \to \infty$) schließen und umgekehrt. So zeigt der Tangentenwinkel im Anfangspunkt der Übergangsfunktion eines Proportionalgliedes mit Verzögerung 1. Ordnung einen endlichen Wert und der Einlaufwinkel im Endpunkt der dazugehörigen Ortskurve einen rechten Winkel, in dem die hohen Frequenzen von unten nach oben einlaufen. Demgegenüber verläuft für ein Proportionalglied mit Verzögerung 2. Ordnung die Anfangstangente der Übergangsfunktion entsprechend der verschwindenden Anfangsänderungsgeschwindigkeit, der 1. Ableitung, horizontal (jedoch hat die Anfangsbeschleunigung, die 2. Ableitung, einen endlichen Wert), während die dazugehörige Frequenzgangkurve für hohe Frequenzen ($\omega \to \infty$) horizontal von links nach rechts einläuft. Bei Proportionalgliedern höherer Ordnung sind entsprechend höhere Ableitungen gleich Null, während die Frequenzgangkurven entsprechend mehr Quadranten durchlaufen (s. hierzu auch den Schluß von § 22g).

l) Ortskurven für komplexe Frequenzen

Zur Bestimmung der Abklingverhältnisse bei Stabilitätsuntersuchungen werden Ortskurven für komplexe Frequenzen (s. § 21) verwendet. In *Bild 78a* sind für das Proportionalglied mit Verzögerung auch zwei Ortskurven für komplexe Frequenzen aufgetragen. Die Kurven errechnen sich aus dem Frequenzgang $F = \frac{1}{1 + j\nu T}$ mit $\nu = \omega + j\delta$, wobei ω die reelle Frequenz ist und ein positiver Wert für δ Abklingverhältnisse bedeutet. Durch Einsetzen der komplexen Frequenz ν erhält man den Frequenzgang:

$$F = \frac{(1 - \delta T) - j\omega T}{(1 - \delta T)^2 + \omega^2 T^2}. \tag{22.18}$$

Die Kurvenscharen des (ω, δ)-Bildes schneiden sich rechtwinklig. Für gleiche Schritte — hier $\triangle\omega T = \triangle\delta T = 0{,}2$ — sind sie verzerrte Quadrate. Je kleiner die Schritte sind, desto geringer ist die Verzerrung.

m) Frequenzgangdarstellungen im logarithmischen Maßstab (Bode-Diagramme)

Vielfach werden die Frequenzgänge im logarithmischen Maßstab aufgetragen, in Amerika auch als Bode- oder „straight line"-Diagramme bezeichnet. Als Abszisse wird die Frequenz logarithmisch, als Ordinate das Amplitudenverhältnis ebenfalls logarithmisch, jedoch die Phasendifferenz linear aufgetragen (*Bild 86*). Die ausgezogenen dünnen Kurven sind die Frequenzgänge des Proportionalgliedes mit Verzögerung $F_1 = \frac{10}{1 + j\omega T_1}$. Es sind bezogene Frequenzen mit der Bezugsfrequenz $\omega_1 = 1/T_1$ angeschrieben. Annäherungen für den Amplitudengang erhält man, wenn man für niedrige Frequenzen den zweiten Summanden des Nenners, für hohe Frequenzen den ersten Summanden vernachlässigt. Sie sind zwei asymptotische Gerade (straight lines), die sich im Punkt P_1 schneiden, dessen Abszisse die „Eckfrequenz" ω_1 und dessen Ordinate die statische Verstärkung angibt. Die Abweichungen der wirklichen Kurve von den „straight lines“ sind für einige Punkte fett eingezeichnet. Man sieht, daß sie für Punkte, deren Abszissenabstände von der Eckfrequenz symmetrisch

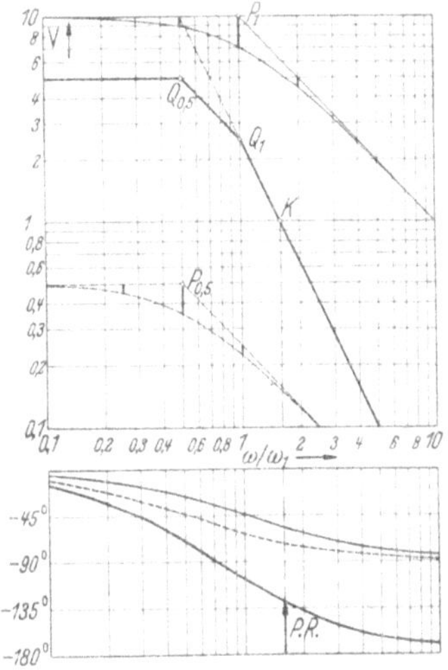

Bild 86. Frequenzgangdarstellungen im logarithmischen Maßstab

gleiche Strecken betragen, gleich groß sind. Die gestrichelten Kurven sind die Frequenzgänge für ein zweites Proportionalglied mit Verzögerung $F_2 = \frac{0,5}{1 + j\omega T_2}$ (mit $T_2 = 0,5\ T_1$). Die „*Normierung*“ der Frequenz wurde auch hier in bezug auf die Frequenz ω_1 vorgenommen. Die Eckfrequenz liegt bei $\omega/\omega_1 = 0,5$. Die Abweichungen der Verstärkung sind infolge des doppeltlogarithmischen Maßstabes gleich lange Strecken in gleich langen Abständen rechts und links von der Eckfrequenz wie beim ersten Glied. Es ist ein kongruentes Bild, das von P_1 auf $P_{0,5}$ verschoben ist. Ebenso ist der Phasenverlauf lediglich um den Abszissenabstand der Eckfrequenzen nach links verschoben[1]). Daher begnügt man sich vielfach mit den asymptotischen Geraden, ordnet ihnen aber den Phasenverlauf zu, der dem korrekten Amplitudengang zugeordnet ist.

Die Frequenzgänge für die Serienschaltung der beiden Glieder erhält man infolge des logarithmischen Maßstabes durch Addition der Ordinaten. Das Ergebnis sind die fett gezeichneten Kurven. Die Addition wurde nur für die Asymptoten durchgeführt. Es ergibt sich eine zweimal gebrochene Linie mit den Eckpunkten $Q_{0,5}$ und Q_1, die ebenfalls zu obigen Eckfrequenzen gehören. Es ist zu beachten, daß im Gebiet $Q_{0,5}$ bis Q_1 die Ordinate um eine logarithmische Einheit abfällt, wenn man auf der Abszisse um eine logarithmische Einheit fortschreitet (wie dies auch hinsichtlich der rechts von P_1 und $P_{0,5}$ liegenden Asymptote der Fall ist), während ab Q_1 die Ordinate um zwei Einheiten abfällt. Bei einer Serienschaltung von 3 Verzögerungsgliedern würde noch eine weitere Teilstrecke vorhanden sein, deren Neigung einem Abfall um drei Einheiten entspräche. Durch ein Vorhalteglied kann man die Neigung wieder rückgängig machen (wie Bild 62 zeigt). Als Abszissenachse des Amplitudenganges wählt man die Horizontale durch die Ordinate 1 (entsprechend $\log 1 = 0$). Aus dem Verlauf der Frequenzgänge in der Umgebung der Abszissenachse (in Bild 86 schneidet die Amplitudenkurve die Achse in Punkt K) werden Aussagen über die Stabilität einer Anordnung gemacht[2]).

[1]) Man kann sich für den Verlauf der Amplitudenkurve sowie der Phasenkurve Schablonen herstellen, die man je nach der Eckfrequenz auf der Zeichenfläche verschieben kann.

[2]) Die zum Punkt K gehörige Winkeldifferenz gegenüber dem Phasenwinkel $-180°$ ist der „*Phasenrand*" *P.R.* Bei komplizierteren Kurven zeigt der Phasenverlauf Winkel, die über $-180°$ hinausgehen. Das Amplitudenverhältnis, das zum Schnittpunkt des Phasenganges mit der $-180°$-Horizontalen gehört, ist der „*Betrags- oder Amplitudenrand*", wobei der reziproke Wert zu nehmen ist, wenn das Amplitudenverhältnis hier < 1. Phasen- und Amplitudenrand sind nichts anderes als die Beurteilung des Verlaufes der Ortskurve in der Gegend des kritischen Punktes $P_k = -1$ in Bild 63. Als Mindestgrößen für bestimmte Anordnungen werden Werte von 30° (Phasenrand) und 2,5 (Amplitudenrand) empfohlen. Bei Vorliegen bestimmter mathematischer Beziehungen kann man auf den Phasengang verzichten und aus der Neigung des Amplitudenganges in der Umgebung des Schnittpunktes mit der Abszissenachse allein Aussagen machen, z. B. Rufus Oldenburger, Frequency-Response Data, Standards and Design Criteria, Trans. ASME 1954, S. 1155ff. und derselbe, Mathematical Engineering Analysis, The Macmillan Company, New York, 1950.

Fachausdrücke und Definitionen aus dem englischen und amerikanischen Schrifttum

Die wichtigsten Worte sind in folgendem in stichwörtlicher Übertragung zusammengestellt, unter möglichster Verwendung der deutschen Bezeichnungen. Die Aufnahme verschiedener Ausdrücke für dieselbe deutsche Bezeichnung erklärt sich aus der Tatsache, daß sowohl im Englischen als auch im Amerikanischen auf den verschiedenen technischen Gebieten unterschiedliche Termen gebraucht werden.

(am. = amerikanisch, v. = heute gemieden)

(1) *actuating signal* (am.) = (61) minus Ausgangswert von (53)
(2) *booster response* (v.) = (15)
(3) *closed loop* bzw. *cycle* geschlossener Kreis (= Regelkreis)
(4) *command* (am.) = Eingang des Elementes für (61) = etwa Sollwerteinstellung
(5) *comparison element* Element zur Bildung von (19)
(6) *compound action* stetige Wirkung in irgendeiner Kombination von (55), (38), (15)
(7) *control action* die Wirkung des Reglers auf (62)
(8) *controlled condition* die zu regelnde physikalische Größe, Regelgröße
(9) *controlling unit* die Elemente, die (7) bewirken
(10) *control point* Regelgröße im statischen Zustand
(11) *co-ordinating element* Kombination von (5), (35), (42)
(12) *cycling* (v.) = oscillation
(13) *dead zone* Bereich, in dem eine Änderung einer Eingangsgröße keine Wirkung auf den Ausgang hat
(14) *dead time* Totzeit, nicht für (21) anzuwenden
(15) *derivative action* stetig differenzierende Wirkung
(16) *derivative action time* Vorhaltzeit
(17) *desired value* Sollwert, auf den eingestellt ist
(18) *detecting element* Fühler
(19) *deviation* Differenz zwischen Augenblickswert von (8) und (17)
(20) *displacement-error system* System, bei dem die Ausgangsgröße proportional der Abweichung ist

(21) *distance velocity lag* Verzögerung infolge Fortpflanzungsgeschwindigkeit, vergl. dagegen (13) und (77)
(22) *disturbance* Störgröße, Störung
(23) *drift* oder *droop* (v.) = (45)
(24) *error* (am.) = (19)
(25) *feedback* Übertragung eines Signals von einer späteren auf eine frühere Stufe, Rückkopplung, Rückführung
(26) *feedback control* (am.) Regelung mit geschlossenem Kreis
(26a) *feedforward control* Vorwärtsregelung („Steuerung" im Deutschen)
(27) *floating action* = (38)
(28) *floating rate* (am.) 1/Schließzeit
(29) *harmonic response* Frequenzgang
(30) *hunting* „pendeln"
(31) *ideal value* (am.) Aufgabenwert des idealisierten Systems
(32) *index setting* (v.) = (17)
(33) *industrial automatic regulator* industrieller Regler
(34) *inherent regulation* „Ausgleich" der Regelstrecke
(35) *input element* Wandler für (36)
(36) *input quantity* die Ausgangsgröße der Sollwerteinrichtung als Eingangsgröße für den Regelkreis, insbesondere bei (65), s. auch S. 23
(37) *input signal* Eingangssignal eines Elementes
(38) *integral action* stetige Wirkung proportional dem Zeitintegral der Abweichung
(39) *integral action time* Nachstellzeit
(39a) *inverse—derivative action* = nichtideale Integralwirkung gemäß Bild 33 rechts unten
(40) *manipulated variable* (am.) Stellgröße
(41) *measuring unit* Meßglied einschließlich (18)
(42) *monitoring feedback* die Rückführung von (47); hierbei wird der Sollwert als Eingang des ganzen Regelkreises, die Regelgröße als Ausgang angesehen, vergl. (53)
(43) *multi-speed floating control* Regelart wie (72), jedoch mit mehreren diskreten Geschwindigkeiten
(44) *neutral zone* (v.) = (13)
(45) *offset* bleibende Abweichung
(46) *open loop* offener Kreis (= Steuerkette)
(47) *output quantity* die physikalische Größe des geregelten Zustandes, die mit (17) zu vergleichen ist, etwa unsere Regelgröße, insbesondere bei (65), s. auch S. 23
(48) *output signal* Ausgangssignal eines Elementes
(49) *plant* Regelstrecke

(50) *positioner* Anordnung bei Verwendung von Hilfskraft, die den vom Regler vorgeschriebenen Wert der Stellgröße sicherstellt (Stellwerk, -regler, -relais)
(51) *potential correction* Momentandifferenz zwischen (52) und (10) (als Maß für den korrigierenden Einfluß, den der Regler ausübt)
(52) *potential value* Beharrungswert der Regelgröße bei Verstellung des Stellgliedes ohne äußere Änderungen (bei Strecken mit Ausgleich)
(53) *primary feedback* (am.) entspricht etwa dem Meßwert der Regelgröße, s. (42) und S. 23
(54) *process controller* Verfahrensregler
(55) *proportional action* stetige Wirkung proportional (19)
(55a) *proportional band* *P*-Bereich
(56) *proportional feedback* starre Rückführung
(57) *proportional plus integral plus derivative controller* *PID*-Regler
(58) *proportional-speed floating action* (v.) entspricht (72), jedoch Geschwindigkeit proportional Regelabweichung = (38)
(58a) *ramp* Anstieg (z. B. -funktion)
(59) *rate action* (am.) = (15)
(60) *rate time* (am.) = (16)
(61) *reference input* (am.) = Vergleichsstandard, mit dem die Regelgröße verglichen wird
(62) *regulating unit* Stellglied
(63) *reset action* (v.) = (38), „fehlerbeseitigend“ beim *PI*-, *PID*-Regler
(64) *reset time* (am.) = (39)
(65) *r.p.c.* = *remote-position control* Stellungsregelung
(66) *sensitiveness* Ansprechempfindlichkeit
(67) *sensitivity* Empfindlichkeit, z. B. Ausschlag eines Instrumentes je Einheit der Meßgröße
(68) *servo-mechanism* Regelsystem für mechanische Stellungsregelungen
(69) *set point* (am.) = (17)
(70) *signal* die physikalische Größe eines Gliedes, die ein anderes Glied beeinflußt
(71) *simple action* kontinuierliche Wirkung allein durch (19)
(72) *single-speed floating control* Regelart, bei der sich (52) mit konstanter Geschwindigkeit, die Regelgröße korrigierend, ändert; s. dagegen (43) und (58)
(73) *step function response* Übergangsfunktion zum Eingangssprung
(74) *system deviation* (am.) das Negative von (75)
(75) *system error* (am.) = (31) minus wirkliche Regelgröße

(76) *throttling band* (v.) = *P*-Bereich
(77) *transfer lag* Übertragungsverzögerung infolge Speicher, vergl. mit (13), (21)
(78) *transient response* Übergangsfunktion
(79) *two-step* (bzw. *position*) *action controller* Zweipunktregler
(80) *zero-displacement-error system* System, bei dem die Ausgangsgeschwindigkeit proportional der Abweichung ist
(81) *zero-velocity-error system* System, bei dem die Ausgangsbeschleunigung proportional der Abweichung ist.

Sachverzeichnis

GESAMTVERZEICHNIS

SAMMLUNG GÖSCHEN

DAS WISSEN DER WELT IN KURZEN KLAREN, ALLGEMEINVERSTÄNDLICHEN EINZELDARSTELLUNGEN NACH DEN LEHRPLÄNEN DER DEUTSCHEN UNIVERSITÄTEN UND HOCHSCHULEN AUFGEBAUT

JEDER BAND DM 2,40
DOPPELBAND DM 4,80

STAND SEPTEMBER 1956

WALTER DE GRUYTER & CO.
BERLIN W 35

INHALTSVERZEICHNIS

Geisteswissenschaften

Philosophie

Einführung in die Philosophie von *H. Leisegang†* 3. Aufl. 145 S. 1956 *(Bd. 281)*

Erkenntnistheorie von *G. Kropp.* 1. Teil: Allgemeine Grundlegung. 143 S. 1950 *(Bd. 807)*

Hauptprobleme der Philosophie von *G. Simmel†.* 7., unveränd. Aufl. 177 S. 1950 *(Bd. 500)*

Geschichte der Philosophie

I: Die griechische Philosophie von *W. Capelle.* 1. Teil. Von Thales bis Leukippos. 2., erw. Aufl. 135 S. 1953 *(Bd. 857)*

II: Die griechische Philosophie von *W. Capelle.* 2. Teil. Von der Sophistik bis zum Tode Platons. 2., stark erw. Aufl. 144 S. 1953 *(Bd. 858)*

III: Die griechische Philosophie von *W. Capelle.* 3. Teil. Vom Tode Platons bis zur alten Stoa. 2., stark erw. Aufl. 132 S. 1954 *(Bd. 859)*

IV: Die griechische Philosophie von *W. Capelle.* 4. Teil. Von der Alten Stoa bis zum Eklektizismus im 1. Jh. v. Chr. 2., stark erw. Aufl. 132 S. 1954 *(Bd. 863)*

V: Die Philosophie des Mittelalters von *J. Koch.* In Vorb. *(Bd. 826)*

VI: Von der Renaissance bis Kant von *K. Schilling.* 234 S. 1954 *(Bd. 394/394a)*

VII: Immanuel Kant von *G. Lehmann.* In Vorb. *(Bd. 536)*

VIII: Die Philosophie des 19. Jahrhunderts von *G. Lehmann.* 1. Teil. 151 S. 1953 *(Bd. 571)*

IX: Die Philosophie des 19. Jahrhunderts von *G. Lehmann*. 2. Teil. 168 S. 1953 *(Bd. 709)*
X: Die Philosophie im ersten Drittel des 20. Jahrhunderts von *G. Lehmann*. In Vorb. *(Bd. 845)*
Die geistige Situation der Zeit (1931) von *K. Jaspers*. 4., unveränd. Abdruck der 1932 bearb. 5. Aufl. 211 S. 1955 *(Bd. 1000)*
Philosophisches Wörterbuch von *M. Apel*†. 4.,unveränd. Aufl. 260 S. 1953 *(Bd. 1031)*
Philosophische Anthropologie. Menschliche Selbstdeutung in Geschichte und Gegenwart von *M. Landmann*. 266 S. 1955 *(Bd. 156/156a)*

Pädagogik, Psychologie Soziologie

Geschichte der Pädagogik von *H. Weimer*. 12. Aufl. 177 S. 1956 *(Bd. 145)*
Therapeutische Psychologie. Ihr Weg durch die Psychoanalyse von *W. M. Kranefeldt*. Mit einer Einführung von *C. G. Jung*. 3., unveränd. Aufl. 152 S. 1956 *(Bd. 1034)*
Allgemeine Psychologie von *Th. Erismann*. 1956. In Vorb. *(Bd. 852)*
Soziologie. Geschichte und Hauptprobleme von *L. von Wiese*. 5. Aufl. 162 S. 1954 *(Bd. 101)*
Sozialpsychologie von *P. R. Hofstätter*. 181 S., 15 Abb., 22 Tab. 1956. *(Bd. 104/104a)*
Psychologie des Berufs- und Wirtschaftslebens von *W. Moede*. 1956. In Vorb. *(Bd. 851)*
Industrie- und Betriebssoziologie von *R. Dahrendorf*. 120 S. 1956 *(Bd. 103)*

Religionswissenschaften

Jesus von *M. Dibelius*†. 2. Aufl. Unveränd. Nachdr. 137 S. 1949 *(Bd. 1130)*
Paulus von *M. Dibelius*†. Nach dem Tode des Verfassers herausgegeben und zu Ende geführt von *W. G. Kümmel*. 2. Aufl. 155 S. 1956 *(Bd. 1160)*
Römische Religionsgeschichte von *F. Altheim*. 2 Bde. 2., umgearb. Aufl.
I: Grundlagen und Grundbegriffe. 116 S. 1956 *(Bd. 1035)*
II: Der geschichtliche Ablauf. 164 S. 1956 *(Bd. 1052)*

Musik

Musikästhetik von *H. J. Moser*. 180 S. 1953 *(Bd. 344)*
Systematische Modulation von *R. Hernried*. 2. Aufl. 136 S. 1950 *(Bd. 1094)*
Der polyphone Satz von *E. Pepping*. 2 Bde. 1. Teil: Der cantus-firmus-Satz. 2.Aufl. 223 S. 1950 *(Bd. 1148)*
Allgemeine Musiklehre von *H. J. Moser*. 2., durchges. Aufl. 155 S. 1955 *(Bd. 220/220a)*
Harmonielehre von *H. J. Moser*. 2 Bde. I: 109 S. 1954 *(Bd. 809)*
Die Musik des 19. Jahrhunderts von *W. Oehlmann*. 180 S. 1953 *(Bd. 170)*
Die Musik des 20. Jahrhunderts I. von *W. Oehlmann*. In Vorb. *(Bd. 171)*
Technik der deutschen Gesangskunst von *H. J. Moser*. 3., durchges. und verb. Aufl. 144 S., 5 Fig. 1954 *(Bd. 576/576a)*
Die Kunst des Dirigierens von *H. W. von Waltershausen*†. 2. Aufl. 138 S. 1954 *(Bd. 1147)*
Die Technik des Klavierspiels aus dem Geiste des musikalischen Kunstwerkes von *K. Schubert*†. 3. Aufl. 110 S. 1954 *(Bd. 1045)*

Kunst

Stilkunde von *H. Weigert*. 2 Bde. 2. Aufl.
I: Vorzeit, Antike, Mittelalter. 136 S., 94 Abb. 1953 *(Bd. 80)*
II: Spätmittelalter und Neuzeit. 146 S., 84 Abb. 1953 *(Bd. 781)*
Archäologie von *A. Rumpf*. 2. Bde.
I: Einleitung, historischer Überblick. 143 S., 6 Abb., 12 Taf. 1953 *(Bd. 538)*
II: Die Archäologensprache. Die antiken Reproduktionen. 136 S., 7 Abb., 12 Taf. 1956 *(Bd. 539)*

Geschichte

Einführung in die Geschichtswissenschaft von *P. Kirn*. 2. Aufl. 121 S. 1952 *(Bd. 270)*
Zeitrechnung d. röm. Kaiserzeit,

des Mittelalters und der Neuzeit für die Jahre von 1—2000 n. Chr. von *H. Lietzmann* †. 3., durchges. Aufl. von *K. Aland*. 1956. In Vorb. *(Bd. 1085)*

Kultur der Urzeit von *F. Behn*. 3 Bde. 4. Aufl. der „Kultur der Urzeit". Bd. I—III von *M. Hoernes*.

I: Die vormetallischen Kulturen. (Die Steinzeiten Europas. Gleichartige Kulturen in anderen Erdteilen). 172 S., 48 Abb. 1950 *(Bd. 564)*

II: Die älteren Metallkulturen. (Der Beginn der Metallbenutzung. Kupfer- und Bronzezeit in Europa, im Orient und in Amerika). 160 S., 67 Abb. 1950 *(Bd. 565)*

III: Die jüngeren Metallkulturen. (Das Eisen als Kulturmetall. Hallstatt-Latène-Kultur in Europa. Das erste Auftreten des Eisens in den anderen Erdteilen). 149 S., 60 Abb. 1950 *(Bd. 566)*

Vorgeschichte Europas von *F. Behn*. Völlig neue Bearbeitung der 7. Aufl. der „Urgeschichte der Menschheit" von *M. Hoernes*. 125 S., 47 Abb. 1949 *(Bd. 42)*

Von den Karolingern zu den Staufern von *J. Haller*. Die altdeutsche Kaiserzeit (900—1250). 3. Aufl. 141 S., 4 Ktn. 1944 *(Bd. 1065)*

Deutsche Geschichte im Zeitalter der Reformation, der Gegenreformation und des 30jährigen Krieges von *F. Hartung*. 129 S. 1951 *(Bd. 1105)*

Deutsche Geschichte von 1648 bis 1740 von *W. Treue*. 120 S. 1956 *(Bd. 35)*

Deutsche Geschichte von 1713 bis 1806 von *W. Treue*. In Vorb. *(Bd. 39)*

Quellenkunde der deutschen Geschichte im Mittelalter (bis zur Mitte des 15. Jahrhunderts) von *K. Jacob*†. 3 Bde.

I: Einleitung. Allgemeiner Teil. Die Zeit der Karolinger. 5. Aufl. 118 S. 1949 *(Bd. 279)*

II: Die Kaiserzeit (911—1250). 4. Aufl. 127 S. 1949 *(Bd. 280)*

III: Das Spätmittelalter (vom Interregnum bis 1500). Herausgeg. von *F. Weden*. 152 S. 1952 *(Bd. 284)*

Geschichte Englands von *H. Preller*.

I: bis 1815. 3., stark umgearb. Aufl. 135 S., 7 Stammtaf., 2 Ktn. 1952 *(Bd. 375)*

II: von 1815 bis 1910. 2., völlig umgearb. Aufl. 118 S., 1 Stammtaf., 7 Ktn. 1954 *(Bd. 1088)*

Römische Geschichte von *F. Altheim*. 4 Bde. 2., verb. Aufl.

I: Bis zur Schlacht bei Pydna (168 v. Chr.). 123 S. 1956 *(Bd. 19)*

II: Bis zur Schlacht bei Actium (31 v. Chr.). 130 S. 1956 *(Bd. 677)*

Geschichte der Vereinigten Staaten von Amerika von *O. Graf zu Stolberg-Wernigerode*. 192 S., 10 Ktn. 1956 *(Bd. 1051/1051a)*

Deutsche Sprache und Literatur

Deutsches Rechtschreibungswörterbuch von *M. Gottschald*. 2., verb. Aufl. 269 S. 1953 *(Bd. 200/200a)*

Deutsche Wortkunde. Eine kulturgeschichtliche Betrachtung des deutschen Wortschatzes von *A. Schirmer*. 3., durchges. Aufl. 109 S. 1949 *(Bd. 929)*

Deutsche Sprachlehre von *W. Hofstaetter*. 9., neubearb. Aufl. von *G. Spree*. 144 S. 1953 *(Bd. 20)*

Stimmkunde für Beruf, Kunst und Heilzwecke von *H. Biehle*. 111 S. 1955 *(Bd. 60)*

Redetechnik. Einführung in die Rhetorik von *H. Biehle*. 115 S. 1954 *(Bd. 61)*

Sprechen und Sprachpflege (Die Kunst des Sprechens) von *H. Feist*. 2., verb. Aufl. 99 S., 25 Abb. 1952 *(Bd. 1122)*

Deutsches Dichten und Denken von der germanischen bis zur staufischen Zeit von *H. Naumann*. (Deutsche Literaturgeschichte vom 5.—13. Jahrhundert). 2., verb. Aufl. 166 S. 1952 *(Bd. 1121)*

Deutsches Dichten und Denken vom Mittelalter zur Neuzeit von *G. Müller* (1270—1700). 2., durchges. Aufl. 159 S. 1949 *(Bd. 1086)*

Der Nibelunge Nôt in Auswahl mit kurzem Wörterbuch von *K. Langosch*. 10., durchges. Aufl. 164 S. 1956 *(Bd. 1)*

Kudrun- und Dietrichepen in Auswahl mit Wörterbuch von *O. L. Jiriczek*. 2. Aufl. bearb. von *R. Wisniewski*. 1956. In Vorb. *(Bd. 10)*

Wolfram von Eschenbach. Parzifal. Eine Auswahl mit Anmerk. und Wörterbuch. Von *H. Jantzen*. 2. Aufl., bearb. von *H. Kolb*. 1956. In Vorb. *(Bd. 921)*

Die deutschen Personennamen von *M. Gottschald*. 2., verb. Aufl. 151 S. 1955 *(Bd. 422)*

Althochdeutsches Elementarbuch von *H. Naumann*† und *W. Betz*. 2. Aufl. 156 S. 1954 *(Bd. 1111)*

Mittelhochdeutsche Grammatik von *H. de Boor* und *R. Wisniewski*. 141 S. 1956 *(Bd. 1108)*

Indogermanisch, Germanisch

Gotisches Elementarbuch. Grammatik, Texte mit Übersetzung und Erläuterungen von *H. Hempel*. 2., umgearb. Aufl. 165 S. 1953 *(Bd. 79)*

Indogermanische Sprachwissenschaft von *H. Krahe*. 3. Aufl. 1956. In Vorb. *(Bd. 59)*

Germanische Sprachwissenschaft von *H. Krahe*. 2 Bde. 3. Aufl.

I: Einleitung und Lautlehre. 135 S. 1956. In Vorb. *(Bd. 238)*

Altnordisches Elementarbuch von *F. Ranke*. Schrifttum, Sprache, Texte mit Übersetzung und Wörterbuch. 2., durchges. Aufl. 146 S. 1949 *(Bd. 1115)*

Englisch, Französisch Italienisch

Altenglisches Elementarbuch von *M. Lehnert*. Einführung, Grammatik, Texte mit Übersetzung und Wörterbuch. 3., verb. Aufl. 178 S. 1955 *(Bd. 1125)*

Historische neuenglische Laut- und Formenlehre von *E. Ekwall*. 3., durchges. Aufl. 150 S. 1956 *(Bd. 735)*

Englische Phonetik von *H. Mutschmann* †. 1956. In Vorb. *(Bd. 601)*

Englische Literaturgeschichte. 4 Bde.

I: Die alt- und mittelenglische Periode v. *F. Schubel*. 163 S. 1954 *(Bd. 1114)*

II: Von der Renaissance bis zur Aufklärung von *F. Schubel*. 160 S. 1956 *(Bd. 1116)*

III: Romantik und Viktorianismus von *P. Meissner*†. 150 S. 1938 *(Bd. 1124)*

IV: Das 20. Jahrhundert von *P. Meissner*†. 150 S. 1939 *(Bd. 1136)*

Beowulf von *M. Lehnert*. Eine Auswahl mit Einführung, teilweiser Übersetzung, Anmerkungen und etymologischem Wörterbuch. 2., verb. Aufl. 135 S. 1949 *(Bd. 1135)*

Shakespeare von *P. Meissner*†. 2. Aufl. neubearb. von *M. Lehnert*. 136 S. 1954 *(Bd. 1142)*

Italienische Literaturgeschichte von *K. Vossler*†. Unveränd. Nachdr. der 1927 erschien. 4., durchges. und verb. Aufl. 148 S. 1948 *(Bd. 125)*

Romanische Sprachwissenschaft von *H. Lausberg*. 2 Bde.

I: Einleitung und Vokalismus. 160 S. 1956 *(Bd. 128/128a)*

II: Konsonantismus. 95 S. 1956 *(Bd. 250)*

Griechisch, Lateinisch

Griechische Sprachwissenschaft von *W. Brandenstein*. 2 Bde.

I: Einleitung, Lautsystem, Etymologie. 160 S. 1954 *(Bd. 117)*

Geschichte der griechischen Sprache. 2 Bde.

I: Bis zum Ausgang der klassischen Zeit von *O. Hoffmann*†. 3. Aufl. bearb. von *A. Debrunner*. 156 S. 1954 *(Bd. 111)*

II: Grundfragen und Grundzüge des nachklass. Griechisch. Von *A. Debrunner*. 144 S. 1954 *(Bd. 114)*

Geschichte der griechischen Literatur von *W. Nestle*. 2 Bde. 2., verb. Aufl.

I: Von den Anfängen bis auf Alexander d. Gr. 148 S. 1950 *(Bd. 70)*

II: Von Alexander d. Gr. bis zum Ausgang der Antike. 128 S. 1948 *(Bd. 557)*

Geschichte der lateinischen Sprache von *F. Stolz*†. 3., stark umgearb. Auflage von *A. Debrunner*. 136 S. 1953 *(Bd. 492)*

Hebräisch, Sanskrit, Russisch

Hebräische Grammatik von *G. Beer*†. 2 Bde. 2., völlig neub. Aufl. von *R. Meyer*

I: Schrift-, Laut- und Formenlehre I. 157 S. 1952 *(Bd. 763/763a)*

II: Formenlehre II. Syntax und Flexionstabellen. 195 S. 1955 *(Bd. 764/764a)*

Sanskrit-Grammatik von *M. Mayrhofer*. 89 S. 1953 *(Bd. 1158)*
Russische Grammatik von *E. Berneker*. 6., unveränd. Aufl. von *M. Vasmer*. 155 S. 1947 *(Bd. 66)*

Erd- und Länderkunde

Afrika von *F. Jaeger*. Ein geograph. Überblick. 2 Bde. 2., umgearb. Aufl.
I: Der Lebensraum. 179 S., 18 Abb. 1954 *(Bd. 910)*
II: Mensch und Kultur. 155 S., 6 Abb. 1954 *(Bd. 911)*
Iberoamerika von *O. Quelle*. In Vorb. *(Bd. 856)*
Australien und Ozeanien von *H. J. Krug*. 176 S., 46 Skizz. 1953 *(Bd. 319)*
Kartenkunde von *M. Eckert-Greifendorff†*. 3., durchges. Aufl. von *W. Kleffner*. 149 S., 63 Abb. 1950 *(Bd. 30)*

Volkswirtschaft, Publizistik

Allgemeine Betriebswirtschaftslehre von *K. Mellerowicz*. 3 Bde. 9., unveränd. Aufl.
I: 142 S. 1956 *(Bd. 1008)*
II: 112 S. 1956 *(Bd. 1153)*
III: 143 S. 1956 *(Bd. 1154)*
Allgemeine Volkswirtschaftslehre von *A. Paulsen*. 4 Bde.
I: Grundlegung, Wirtschaftskreislauf. 138 S. 1956 *(Bd. 1169)*
II: Haushalte, Unternehmungen, Marktformen. In Vorb. *(Bd. 1170)*
III: Produktionsfaktoren, Geldwesen. In Vorb. *(Bd. 1171)*
IV: Konjunktur, Außenhandel, staatliche Aktivität. In Vorb. *(Bd. 1172)*
Zeitungslehre von *E. Dovifat*. 2 Bde. 3., neubearb. Aufl.
I: Theoretische und rechtliche Grundlagen — Nachricht und Meinung — Sprache und Form. 148 S. 1955 *(Bd. 1039)*
II: Redaktion — Die Sparten Verlag und Vertrieb, Wirtschaft und Technik, Sicherung der öffentlichen Aufgabe. 158 S. 1955 *(Bd. 1040)*

Naturwissenschaften

Mathematik

Geschichte der Mathematik von *J. E. Hofmann*. 3 Bde.
I: Von den Anfängen bis zum Auftreten von Fermat und Descartes. 200 S. 1953 *(Bd. 226)*
II: In Vorb. *(Bd. 875)*
III: In Vorb. *(Bd. 882)*
Mathematische Formelsammlung von *F. Ringleb*. Vollst. umgearb. Neuausg. des Werkes von *O. Th. Bürklen*. 6., durchges. Aufl. 280 S., 57 Fig. 1956 *(Bd. 51/51a)*
Fünfstellige Logarithmen von *A. Adler*. Mit mehreren graphischen Rechentafeln und häufig vorkommenden Zahlwerten. 2. Aufl. Neudr. 127 S., 1 Taf. 1949 *(Bd. 423)*
Höhere Algebra von *H. Hasse*. 2 Bde. 3., verb. Aufl.
I: Lineare Gleichungen. 152 S. 1951 *(Bd. 931)*
II: Gleichungen höheren Grades. 158 S., 5 Fig. 1951 *(Bd. 932)*
Aufgabensammlung zur höheren Algebra von *H. Hasse* und *W. Klobe*. 2., verb. und verm. Aufl. 181 S. 1952 *(Bd. 1082)*
Elementare und klassische Algebra vom modernen Standpunkt von *W. Krull*. 2 Bde. 2., erw. Aufl.
I: 136 S. 1952 *(Bd. 930)*
Einführung in die Zahlentheorie von *A. Scholz†*. Überarb. und herausgeg. von *B. Schoeneberg*. 2. Aufl. 128 S. 1955 *(Bd. 1131)*
Elemente der Funktionentheorie von *K. Knopp*. 4. Aufl. 144 S., 23 Fig. 1955 *(Bd. 1109)*
Funktionentheorie von *K. Knopp*. 2 Bde.
I: Grundlagen der allgem. Theorie der analytischen Funktionen. 8. Aufl. 139 S., 8 Fig. 1955 *(Bd. 668)*
II: Anwendungen und Weiterführung der allgemeinen Theorie. 8./9. Aufl. 130 S., 7 Fig. 1955 *(Bd. 703)*

Aufgabensammlung zur Funktionentheorie von *K. Knopp*. 2 Bde. 4. Aufl.
I: Aufgaben zur elementaren Funktionentheorie. 135 S. 1949 *(Bd. 877)*
II: Aufgaben zur höheren Funktionentheorie. 151 S. 1949 *(Bd. 878)*
Repetitorium und Aufgabensammlung zur Differentialrechnung von *A. Witting†*. 2., neub. Aufl. Durchges. Neudr. 145 S. 1949 *(Bd. 146)*
Repetitorium und Aufgabensammlung zur Integralrechnung von *A. Witting†*. 2., neubearb. Aufl. Durchges. Neudr. 121 S., 32 Fig., 309 Beisp. 1949 *(Bd. 147)*
Gewöhnliche Differentialgleichungen von *G. Hoheisel*. 5. Aufl. 129 S. 1956. *(Bd. 920)*
Partielle Differentialgleichungen v. *G. Hoheisel*. 3., neub. Aufl. 130 S. 1953 *(Bd. 1003)*
Aufgabensammlung zu den gewöhnlichen und partiellen Differentialgleichungen von *G. Hoheisel*. 2., umgearb. Aufl. 124 S. 1952 *(Bd. 1059)*
Mengenlehre von *E. Kamke*. 3., neub. Auflage. 194 S., 6 Fig. 1955 *(Bd. 999/999a)*
Darstellende Geometrie von *W. Haack*. 3 Bde.
I: Die wichtigsten Darstellungsmethoden. Grund- und Aufriß ebenflächiger Körper. 110 S., 117 Abb. 1954 *(Bd. 142)*
II: Körper mit krummen Begrenzungsflächen. Kotierte Projektionen. 129 S., 86 Abb. *(Bd. 143)*
III: Axonometrie, Perspektive. Photogrammetrie. In Vorb. *(Bd. 144)*
Sammlung von Aufgaben und Beispielen zur analytischen Geometrie der Ebene von *R. Haussner†*. Mit den vollständigen Lösungen. 139 S., 22 Fig. Neudr. 1949 *(Bd. 256)*
Nichteuklidische Geometrie. Hyperbolische Geometrie der Ebene. Von *R. Baldus†*. 3., verb. Aufl., durchges. und herausgeg. von *F. Löbell*. 140 S., 70 Fig. 1953 *(Bd. 970)*
Differentialgeometrie von *K. Strubecker* (früher Rothe). 2 Bde.
I: Kurventheorie der Ebene und des Raumes. 150 S., 18 Fig. 1955 *(Bd. 1113/1113a)*
Einführung in die konforme Abbildung von *L. Bieberbach*. 5., erw. Aufl. 180 S., 42 Fig. 1956. *(Bd. 768/768a)*
Vektoranalysis von *S. Valentiner*. Neudr. der 7. Aufl. (1950). 138 S., 19 Fig. 1954 *(Bd. 354)*
Vermessungskunde von *P. Werkmeister*. 3 Bde.
II: Messung von Horizontalwinkeln. Festlegung von Punkten im Koordinatensystem. Absteckungen. 7. Aufl. 151 S., 93 Fig. 1949 *(Bd. 469)*
III: Trigonometrische und barometrische Höhenmessung. Tachymetrie und Topographie. 6. Aufl. 147 S., 64 Fig. 1949 *(Bd. 862)*
Versicherungsmathematik von *F. Böhm*. 2 Bde.
I: Elemente der Versicherungsrechnung. 3., verm. verb. Aufl. Durchges. Neudr. 151 S. 1954 *(Bd. 180)*
II: Lebensversicherungsmathematik. Einführung in die technischen Grundlagen der Sozialversicherung. 2., verb. Aufl. 205 S. 1953 *(Bd. 917/917a)*

Physik

Einführung in die theoretische Physik von *W. Döring*. 4 Bde.
I: Mechanik. 119 S., 29 Abb. 1954 *(Bd. 76)*
II: Das elektromagnetische Feld. 123 S., 15 Abb. 1955 *(Bd. 77)*
III: Optik. 117 S., 32 Abb. 1956 *(Bd. 78)*
IV: Thermodynamik. 107 S., 9 Abb. 1956. *(Bd. 374)*
Atomphysik von *K. Bechert* und *Ch. Gerthsen*. 7 Bde. 3., umgearb. Aufl.
I: Allgemeine Grundlagen. 1. Teil. 124 S., 55 Abb. 1955 *(Bd. 1009)*
II: Allgemeine Grundlagen. 2. Teil. 112 S., 48 Abb. 1955 *(Bd. 1033)*
III: Theorie des Atombaus. 1. Teil. 148 S., 16 Abb. 1954 *(Bd. 1123/1123a)*
IV: Theorie des Atombaus. 2. Teil. 170 S., 14 Abb. 1954 *(Bd. 1165/1165a)*
Differentialgleichungen der Physik von *F. Sauter*. 2. Aufl. 148 S., 16 Fig. 1950 *(Bd. 1070)*

Physikalische Formelsammlung von *G. Mahler*† und *K. Mahler*. 9., durchges. Aufl. 153 S. mit 69 Fig. 1955 *(Bd. 136)*

Physikalische Aufgabensammlung von *G. Mahler*† und *K. Mahler*. Mit den Ergebn. 8., durchges. Aufl. 127 S. 1955 *(Bd. 243)*

Chemie

Geschichte der Chemie in kurzgefaßter Darstellung von *G. Lockemann*. 2 Bde.
I: Vom Altertum bis zur Entdeckung des Sauerstoffs. 142 S., 8 Bildn. 1950 *(Bd. 264)*
II: Von der Entdeckung des Sauerstoffs bis zur Gegenwart. 151 S., 16 Bildn. 1955 *(Bd. 265/265a)*

Anorganische Chemie von *W. Klemm*. 9., umgearb. Aufl. 180 S. 1956. *(Bd. 37)*

Organische Chemie von *W. Schlenk*. 6., erw. Aufl. 263 S. 1954 *(Bd. 38/38a)*

Allgemeine und physikalische Chemie von *W. Schulze*. 3 Bde. 4., neubearb. Aufl.
I: 139 S., 10 Fig. 1955 *(Bd. 71)*
II: 176 S., 37 Fig. 1956 *(Bd. 698/698a)*
III: 1956. In Vorb. *(Bd. 786)*

Analytische Chemie von *J. Hoppe*. 2 Bde. 5., verb. Aufl.
I: Reaktionen. 135 S. 1950 *(Bd. 247)*
II: Gang der qualitativen Analyse. 166 S. 1950 *(Bd. 248)*

Maßanalyse. Theorie und Praxis der klassischen und der elektrochemischen Titrierverfahren. Von *G. Jander* und *K. F. Jahr*. 303 S., 50 Fig. 1956. *(Bd. 221/221a)*

Thermochemie von *W. A. Roth*. 2., verb. Aufl. 109 S., 16 Fig. 1952 *(Bd. 1057)*

Physikalisch-chemische Rechenaufgaben von *E. Asmus*. 2. Aufl. 95 S. 1949 *(Bd. 445)*

Stöchiometrische Aufgabensammlung. Mit den Ergebn. von *W. Bahrdt*† und *R. Scheer*. 6., durchges. Aufl. 1956. In Vorb. *(Bd. 452)*

Elektrochemie und ihre physikalisch-chemischen Grundlagen von *A. Dassler*. 2 Bde.
I: 149 S., 21 Abb. 1950 *(Bd. 252)*
II: 178 S., 17 Abb. 1950 *(Bd. 253)*

Technologie

Warenkunde von *K. Hassak*† und *E. Beutel*†. 2 Bde. 7. Aufl. Neubearb. von *A. Kutzelnigg*
I: Anorganische Waren sowie Kohle und Erdöl. 116 S., 19 Fig. 1947 *(Bd. 222)*
II: Organische Waren. 143 S., 32 Fig. 1949 *(Bd. 223)*

Die Fette und Öle von *K. Braun*†. 5., völlig neubearb. und verb. Aufl. von *Th. Klug*. 145 S. 1950 *(Bd. 335)*

Die Seifenfabrikation von *K. Braun*†. 3., neubearb. und verb. Aufl. von *Th. Klug*. 116 S., 18 Abb. 1953 *(Bd. 336)*

Textilindustrie
I: Spinnerei und Zwirnerei. Von *A. Blümcke*. 111 S., 43 Abb. 1954 *(Bd. 184)*

Biologie

Einführung in die allgemeine Biologie von *M. Hartmann*. 132 S. 1956. *(Bd. 96)*

Hormone von *G. Koller*. 2., neubearb. und erw. Aufl. 187 S., 60 Abb., 19 Tab. 1949 *(Bd. 1141)*

Fortpflanzung im Tier- und Pflanzenreich von *J. Hämmerling*. 2., erg. Aufl. 135 S., 101 Abb. 1951 *(Bd. 1138)*

Geschlecht und Geschlechtsbestimmung im Tier- und Pflanzenreich von *M. Hartmann*. 2., verb. Aufl. 116 S., 61 Abb., 7 Tab. 1951 *(Bd. 1127)*

Grundriß der allgemeinen Mikrobiologie von *W. Schwartz*. 2 Bde.
I: 104 S 17 Abb. 1949 *(Bd. 1155)*
II: 93 S 12 Abb. 1949 *(Bd. 1157)*

Symbiose der Tiere mit pflanzlichen Mikroorganismen von *P. Buchner*. 2., verb. und verm. Aufl. 130 S. 121 Abb. 1949 *(Bd. 1128)*

Botanik

Entwicklungsgeschichte des Pflanzenreiches von *H. Heil*. 2. Aufl. 138 S. 94 Abb. 1 Tab. 1950 *(Bd. 1137)*

Morphologie der Pflanzen von *L. Geitler*. 3. Aufl. 126 S. 114 Abb. 1953 *(Bd. 141)*

Pflanzenzüchtung von *H. Kuckuck* 2 Bde. 3., völlig umgearb. Aufl.

I: Grundzüge der Pflanzenzüchtung. 132 S. 22 Abb. 1952 *(Bd. 1134)*

Die Laubhölzer. Kurzgefaßte Beschreibung der in Mitteleuropa gedeihenden Laubbäume und Sträucher. Von *F. W. Neger*† und *E. Münch*†. 3., durchges. Aufl. herausgeg. von *B. Huber*. 143 S. 63 Fig. 7 Tab. 1950 *(Bd. 718)*

Die Nadelhölzer (Koniferen) und übrigen Gymnospermen von *F. W. Neger*† und *E. Münch*†. 4. Aufl. Durchges. und erg. von *B. Huber*. 140 S., 75 Fig., 4 Tab., 3 Ktn. 1952 *(Bd. 355)*

Zoologie

Entwicklungsphysiologie der Tiere von *F. Seidel*. 2 Bde.
I: Ei und Furchung. 126 S., 29 Abb. 1953 *(Bd. 1162)*
II: Körpergrundgestalt und Organbildg. 159 S., 42 Abb. 1953 *(Bd. 1163)*

Das Tierreich.
Fische von *D. Lüdemann*. 130 S., 65 Abb. 1955 *(Bd. 356)*
Insekten von *H. von Lengerken*. 128 S., 58 Abb. 1953 *(Bd. 594)*
Lurche (Chordatiere) von *K. Herter*. 143 S., 129 Abb. 1955 *(Bd. 847)*
Spinnentiere (Trilobitomorphen, Fühlerlose) und Tausendfüßler. Von *A. Kaestner*. 96 S., 55 Abb. 1955 *(Bd. 1161)*
Würmer. Platt-, Hohl-, Schnurwürmer, Komptozoen, Ringelwürmer, Protracheaten, Bärtierchen, Zungenwürmer. Von *S. Jaeckel*. 114 S., 36 Abb. 1955 *(Bd. 439)*
Weichtiere. Urmollusken, Schnekken, Muscheln, Kopffüßer. Von *S. Jaeckel*. 92 S., 34 Abb. 1954 *(Bd. 440)*
Stachelhäuter. Tentakulaten, Binnenatmer u. Pfeilwürmer. Von *S. Jaeckel*. 100 S., 46 Abb. 1955 *(Bd. 441)*
Schwämme und Hohltiere von *H. J. Hannemann*. 95 S., 80 Abb. 1956 *(Bd. 442)*
Krebse (Crustacea) von *H. E. Gruner* und *K. Deckert*. 114 S., 43 Abb. 1956 *(Bd. 443)*
Protozoen von *E. Reichenow*. 115 S., 59 Abb. 1956 *(Bd. 444)*

Vergleichende Physiologie der Tiere von *K. Herter*. 2 Bde. 3. Aufl. der „Tierphysiologie".
I: Stoff- und Energiewechsel. 155 S., 64 Abb. 1950 *(Bd. 972)*
II: Bewegung und Reizerscheinungen. 148 S., 110 Abb. 1950 *(Bd. 973)*

Land- und Forstwirtschaft

Landwirtschaftliche Tierzucht. Die Züchtung und Haltung der landwirtschaftlichen Nutztiere von *H. Vogel*. 139 S., 11 Abb. 1952 *(Bd. 228)*

Kulturtechnische Bodenverbesserungen von *O. Fauser*. 2. Bde. 4., neubearb. Aufl.
I: Allgemeines, Entwässerung. 122 S., 47 Abb. 1947 *(Bd. 691)*
II: Bewässerung, Ödlandkultur, Umlegung. 150 S., 67 Abb. 1949 *(Bd. 962)*

Agrikulturchemie von *K. Scharrer*. 2 Bde.
I: Pflanzenernährung. 143 S. 1953 *(Bd. 329)*
II: Futtermittelkunde. 192 S. 1956. *(Bd. 330/330a)*

Geologie, Mineralogie Kristallographie

Kristallographie von *W. Bruhns*† und *P. Ramdohr*. 4. Aufl. 106 S., 163 Abb. 1954 *(Bd. 210)*

Einführung in die Kristalloptik von *E. Buchwald*. 4., verb. Aufl. 138 S., 121 Fig. 1952 *(Bd. 691)*

Lötrohrprobierkunde. Mineraldiagnose mit Lötrohr- und Tüpfelreaktion. Von *M. Henglein*. 3., verb. Aufl. 91 S., 11 Fig. 1949 *(Bd. 483)*

Mineral- und Erzlagerstättenkunde von *H. Huttenlocher*†. 2 Bde.
I: 128 S., 34 Abb. 1954 *(Bd. 1014)*
II: 156 S., 48 Abb. 1954 *(Bd. 1015/1015a)*

Allgemeine Mineralogie. 9., erw. Aufl. der „Mineralogie" von *R. Brauns*† und *K. F. Chudoba*. 104 S., 107 Fig., 1 Taf., 2 Tab. 1955 *(Bd. 29)*

Spezielle Mineralogie. 9., erw. Aufl. der „Mineralogie" von *R. Brauns*† und *K. F. Chudoba*. 133 S., 105 Fig. 1955 *(Bd. 31)*

Petrographie (Gesteinskunde) von *W. Bruhns*† und *P. Ramdohr*. 4., durchges. Aufl. 104 S., 10 Fig. 1955 *(Bd. 173)*

Geologie von *F. Lotze*. 176 S., 80 Abb. 1955 *(Bd. 13)*

Technik

Graphische Darstellung in Wissenschaft und Technik von *M. Pirani.* 3., verb. Aufl. bearb. von *J. Fischer.* 101 Abb. 1956. In Vorb. *(Bd. 728/728a)*

Elektrotechnik

Grundlagen der Elektrotechnik von *O. Mohr.* 3 Bde.
I: Die drei Feldformen. 96 S., 41 Abb., 6 Taf. 1956. *(Bd. 196)*
II: Die wichtigsten elektr. und phys. Grunderscheinungen. 95 S., 36 Abb., 7 Taf. 1956. *(Bd. 197)*
III: 91 S., 59 Abb. 1956. *(Bd. 198)*

Die Gleichstrommaschine von *K. Humburg.* 2 Bde. 2. Aufl. 1956.
I: 102 S., 59 Abb. 1956. *(Bd. 257)*
II: 98 S., 38 Abb. 1956. *(Bd. 881)*

Die synchrone Maschine von *K. Humburg.* Neudr. 109 S., 78 Abb. 1951 *(Bd. 1146)*

Induktionsmaschinen von *F. Unger.* 2., erw. Aufl. 142 S., 49 Abb. 1954 *(Bd. 1140)*

Die komplexe Berechnung von Wechselstromschaltungen von *H. H. Meinke.* 160 S., 114 Abb. 1949 *(Bd. 1156)*

Theoretische Grundlagen zur Berechnung der Schaltgeräte von *F. Kesselring.* 3. Aufl. 144 S., 92 Abb. 1950 *(Bd. 711)*

Einführung in die Technik selbsttätiger Regelungen von *W. zur Megede.* 1956. In Vorb. *(Bd. 714/714a)*

Elektromotorische Antriebe (Grundlagen für die Berechnung) von *A. Schwaiger.* 3., neubearb. Aufl. 96 S., 34 Abb. 1952 *(Bd. 827)*

Technische Tabellen und Formeln von *W. Müller.* 4., verb und erw. Aufl. von *E. Schulze.* 152 S., 105 Fig. 1951 *(Bd. 579)*

Überspannungen und Überspannungsschutz von *G. Frühauf.* Durchges. Neudr. 122 S., 98 Abb. 1950 *(Bd. 1132)*

Maschinenbau

Metallkunde. Einführendes über Aufbau, Eigenschaften und Untersuchung von Metallen und Legierungen sowie über Grundlagen des Schmelzens, des Gießens, des Verformens, der Wärmebehandlung, der Oberflächenbehandlung, der Verbinde- und Trennarbeiten von *H. Borchers.* 2 Bde.
I: Aufbau der Metalle und Legierungen. 3. Aufl. 120 S., 90 Abb., 2 Tab. 1956. *(Bd. 432)*

Die Werkstoffe des Maschinenbaues von *H. Thum* und *C. M. von Meysenbug.* 2 Bde.
I: Einführung in die Werkstoffprüfung. 2., neubearb. Aufl. 100 S., 7 Tab., 56 Abb. 1956. *(Bd. 476)*

Dynamik von *W. Müller.* 2 Bde. 2., verb. Aufl.
I: Dynamik des Einzelkörpers. 128 S., 48 Fig. 1952 *(Bd. 902)*
II: Systeme von starren Körpern. 102 S., 41 Fig. 1952 *(Bd. 903)*

Technische Schwingungslehre von *L. Zipperer.* 2 Bde. 2., neubearb. Aufl.
I: Allgemeine Schwingungsgleichungen, einfache Schwinger. 120 S., 101 Abb. 1953 *(Bd. 953)*
II: Torsionsschwingungen in Maschinenanlagen. 102 S., 59 Abb. 1955 *(Bd. 961/961a)*

Werkzeugmaschinen für Metallbearbeitung von *K. P. Matthes.* 4 Bde.
I: 100 S., 27 Abb., 11 Zahlentaf., 1 Tafelanh. 1954 *(Bd. 561)*
II: Fertigungstechnische Grundlagen der neuzeitlichen Metallbearbeitung. 101 S., 30 Abb., 5 Taf. 1955 *(Bd. 562)*

Das Maschinenzeichnen mit Einführung in das Konstruieren von *W. Tochtermann.* 2 Bde. 4. Aufl.
I: Das Maschinenzeichnen. 156 S., 77 Taf. 1950 *(Bd. 589)*
II: Ausgeführte Konstruktionsbeispiele. 130 S., 58 Taf. 1950 *(Bd. 590)*

Die Maschinenelemente von *E. A. vom Ende.* 3., verb. Aufl., 166 S., 175 Fig., 9 Taf. 1956. *(Bd. 3/3a)*

Maschinen der Walz- und Hüttenwerke von *L. Engel.* 1956. In Vorb. *(Bd. 581)*

Walzwerke von *H. Sedlaczek.* 2 Bde. In Vorb. *(Bd. 580 583)*

Getriebelehre von *P. Grodzinski.* 2 Bde. 2., neubearb. Aufl.

I: Geometrische Grundlagen. 159 S., 142 Fig. 1953 *(Bd. 1061)*

Gießereitechnik von *H. Jungbluth.* 2 Bde.

I: Eisengießerei. 126 S., 44 Abb. 1951 *(Bd. 1159)*

Die Dampfkessel und Feuerungen einschließlich Hilfseinrichtungen in Theorie, Konstruktion und Berechnung von *W. Marcard*†. 2 Bde. 2. Aufl. Neubearb. von *K. Beck.*

I: Die theoretischen Grundlagen, Wärme, Verbrennung, Wärmeübertragung. 150 S., 42 Abb., 16 Tab. 1951 *(Bd. 9)*

II: Dampfkessel. 147 S., 43 Abb. 1952 *(Bd. 521)*

Dampfturbinen, ihre Wirkungsweise, Berechnung und Konstruktion von *C. Zietemann.* 3 Bde. 3., verb. Aufl.

I: Theorie der Dampfturbinen. 139 S., 48 Abb. 1955 *(Bd. 274)*

II: Die Berechnung der Dampfturbinen und die Konstruktion der Einzelteile. 132 S., 111 Abb. 1956 *(Bd. 715)*

III: Die Regelung der Dampfturbinen, die Bauarten, Turbinen für Sonderzwecke, Kondensationsanlagen. 126 S., 90 Abb. 1956 *(Bd. 716)*

Transformatoren von *W. Schäfer.* 2. Aufl., 74 Abb. 1956 In Vorb. *(Bd. 952)*

Technische Thermodynamik von *W. Nußelt.* 3 Bde.

I: Grundlagen. 4., verb. Aufl. 144 S., 71 Abb. 1956. *(Bd. 1084)*

II: Theorie der Wärmekraftmaschinen. Neudr. 144 S., 87 Abb., 32 Zahlentaf. 1951 *(Bd. 1151)*

Autogenes Schweißen und Schneiden von *H. Niese.* 5. Aufl. Neubearb. von *A. Küchler.* 136 S., 71 Fig. 1954 *(Bd. 499)*

Die elektrischen Schweißverfahren von *H. Niese.* 2. Aufl. Neubearb. von *H. Dienst.* 136 S., 58 Abb. 1955 *(Bd. 1020)*

Hebezeuge. Entwurf von Winden und Kranen von *G. Tafel.* 2., verb. Aufl. 176 S., 230 Fig. 1954 *(Bd. 414/414a)*

Wasserbau

Wasserkraftanlagen von *A. Ludin* u. Mitarb. v. *W. Borkenstein.* 2 Bde.

I: Planung, Grundlagen und Grundzüge. 124 S., 60 Abb. 1955 *(Bd. 665)*

Verkehrswasserbau von *H. Dehnert.* 3 Bde.

I: Entwurfsgrundlagen, Flußregelungen. 103 S., 52 Abb. 1950 *(Bd. 585)*

II: Flußkanalisierung und Schiffahrtskanäle. 94 S., 60 Abb. 1950 *(Bd. 597)*

III: Schleusen und Hebewerke. 98 S., 70 Abb. 1950 *(Bd. 1152)*

Wehr- und Stauanlagen von *H. Dehnert.* 134 S., 90 Abb. 1952 *(Bd. 965)*

Talsperren von *F. Tölke.* 122 S., 70 Abb. 1953 *(Bd. 1044)*

Hoch- und Tiefbau

Die wichtigsten Baustoffe des Hoch- und Tiefbaus von *O. Graf.* 4., verb. Aufl. 131 S., 63 Abb. 1953 *(Bd. 984)*

Baustoffverarbeitung und Baustellenprüfung des Betons von *A. Kleinlogel.* 2., neubearb. und erw. Aufl. 126 S., 35 Abb. 1951 *(Bd. 978)*

Festigkeitslehre. 2 Bde.

I: Elastizität, Plastizität und Festigkeit der Baustoffe und Bauteile von *W. Gehler*† und *W. Herberg.* Durchges. und erw. Neudr. 159 S., 118 Abb. 1952 *(Bd. 1144)*

II: Formänderung, Platten, Stabilität und Bruchhypothesen von *W. Herberg* und *N. Dimitrov.* 187 S., 94 Abb. 1955 *(Bd. 1145/1145a)*

Grundlagen des Stahlbetonbaus von *A. Troche.* 2., neubearb. und erw. Aufl. 208 S., 75 Abb., 17 Bemessungstaf., 20 Rechenbeisp. 1953 *(Bd. 1078)*

Statik der Baukonstruktionen von *A. Teichmann.* 3 Bde.

I: Grundlagen. 100 S., 51 Abb., 8 Formeltaf. 1956 *(Bd. 119)*

II: Statik bestimmter Stabwerke. 57 Abb., 9 Taf. 1956. In Vorb. *(Bd. 120)*

Fenster, Türen, Tore aus Holz und Metall. Eine Anleitung zu ihrer guten Gestaltung, wirtschaftlichen Bemessung und handwerksgerechten Konstruktion von *W. Wickop.* 4., überarb. und erg. Aufl. 155 S., 95 Abb. 1955 *(Bd. 1092)*

Heizung und Lüftung von *J. Kör-*

ting† und *W. Körting.* 2 Bde. 8., neubearb. Aufl.
I: Das Wesen und die Berechnung der Heizungs- und Lüftungsanlagen. 140 S., 29 Abb., 18 Zahlentaf. 1951 *(Bd. 342)*
II: Die Ausführung der Heizungs- und Lüftunganlagen. 152 S., 165 Abb., 7 Zahlentaf. 1954 *(Bd. 343)*
Industrielle Kraft- und Wärmewirtschaft von *F. A. F. Schmidt.* 1956 In Vorb. *(Bd. 318/318a)*

SAMMLUNG GÖSCHEN / BANDNUMMERNFOLGE

1 Langosch, Der Nibelunge Nôt
3/3a v. Ende, Die Maschinenelemente
9 Marcard-Beck, Dampfkessel I
10 Jiriczek-Wisniewski, Kudrun- und Dietrichepen
13 Lotze, Geologie
19 Altheim, Röm. Geschichte I
20 Hofstaetter-Spree, Dt. Sprachlehre
29 Brauns-Chudoba, Allg. Mineralogie
30 Eckert-Greifendorff-Kleffner, Kartenkunde
31 Brauns-Chudoba, Spez. Mineralogie
35 Treue, Dt. Geschichte von 1648 bis 1740
37 Klemm, Anorganische Chemie
38/38a Schlenk, Organ. Chemie
39 Treue. Dt. Geschichte von 1713 bis 1806
42 Behn, Vorgeschichte Europas
51/51a Ringleb-Bürklen, Mathematische Formelsammlung
59 Krahe, Indogerm. Sprachwiss.
60 Biehle, Stimmkunde
61 Biehle, Redetechnik
66 Berneker-Vasmer, Russische Grammatik
70 Nestle, Griech. Literaturgesch. I
71 Schulze, Allg. u. phys. Chemie I
76 Döring, Einf. i. d. theoret. Physik I
77 Döring, – II
78 Döring, – III
79 Hempel, Gotisches Elementarb.
80 Weigert, Stilkunde I
96 Hartmann, Einf. i. d. allgem. Biologie
101 v. Wiese, Soziologie
103 Dahrendorf, Industrie- und Betriebssoziologie
104/104a Hofstätter, Sozialpsychologie
111 Hoffmann-Debrunner, Gesch. d. griechischen Sprache I
114 Debrunner, Geschichte der griechischen Sprache II
117 Brandenstein, Griechische Sprachwissenschaft I
119 Teichmann, Statik der Baukonstruktionen I
120 Teichmann, - II
125 Vossler, Italienische Literaturgeschichte
128/128a Lausberg, Roman. Sprachwissenschaft I
136 Mahler, Physikalische Formelsammlung
141 Geitler, Morphol. der Pflanzen
142 Haack, Darst. Geometrie I
143 Haack, Darst. Geometrie II
144 Haack, Darst. Geometrie III
145 Weimer, Gesch. der Pädagogik
146 Witting, Repetitorium und Aufgabensammlung zur Differentialrechnung
147 Witting, Repetitorium und Aufgabensammlung zur Integralrechnung
156/156a Landmann, Philosophische Anthropologie
170 Oehlmann, Musik des 19. Jahrhunderts
171 Oehlmann, Musik des 20. Jahrhunderts I
173 Bruhns-Ramdohr, Petrographie
180 Böhm, Versicherungsmath. I
184 Blümcke, Spinnerei und Zwirnerei
196 Mohr, Grundlagen d. Elektrotechnik I
197 Mohr, – II
198 Mohr, – III
200/200a Gottschald, Dt. Rechtschreibungswörterbuch
210 Bruhns-Ramdohr, Kristallographie
220/220a Moser, Allg. Musiklehre

221/221a Jander-Jahr, Maßanalyse
222 Hassak-Beutel, Warenkunde I
223 Hassak-Beutel, — II
226 Hofmann, Geschichte der Mathematik I
228 Vogel, Landw. Tierzucht
238 Krahe, German. Sprachwiss. I
243 Mahler, Physikal. Aufgabensammlung
247 Hoppe, Analytische Chemie I
248 Hoppe, — II
250 Lausberg, Roman. Sprachwissenschaft II
252 Dassler, Elektrochemie I
253 Dassler, — II
256 Haussner, Aufgabensamml. zur analyt. Geometrie der Ebene
257 Humburg, Die Gleichstrommaschine I
264 Lockemann, Geschichte der Chemie I
265/265a Lockemann, — II
270 Kirn, Einführung in die Geschichtswissenschaft
274 Zietemann, Dampfturbinen I
279 Jacob, Quellenkunde der deutschen Geschichte I
280 Jacob, — II
281 Leisegang, Einführung in die Philosophie
284 Jacob-Weden, Quellenkunde der deutschen Geschichte III
318/318a Schmidt, Industrielle Kraft- und Wärmewirtschaft
319 Krug, Australien und Ozeanien
329 Scharrer, Agrikulturchemie I
330/330a Scharrer, — II
335 Braun-Klug, Fette und Öle
336 Braun-Klug, Seifenfabrikation
342 Körting, Heizung und Lüftung I
343 Körting, — II
344 Moser, Musikästhetik
354 Valentiner, Vektoranalysis
355 Neger-Münch, Nadelhölzer
356 Lüdemann, Fische
374 Döring, Einf. in die theoret. Physik IV
375 Preller, Geschichte Englands I
394/394a Schilling, Von der Renaissance bis Kant
414/414a Tafel, Hebezeuge I
422 Gottschald, Dt Personennamen
423 Adler, Fünfstell. Logarithmen
432 Borchers, Metallkunde I
439 Jaeckel, Würmer
440 Jaeckel, Weichtiere
441 Jaeckel, Stachelhäuter
442 Hannemann, Schwämme und Hohltiere
443 Gruner-Deckert, Krebse
444 Reichenow, Protozoen
445 Asmus, Physikal.-chemische Rechenaufgaben
452 Bahrdt-Scheer, Stöchiometrische Aufgabensammlung
469 Werkmeister, Vermessungskunde II
476 Thum-Meysenbug, Die Werkstoffe des Maschinenbaus I
483 Henglein, Lötrohrprobierkunde
492 Stolz-Debrunner, Geschichte der lateinischen Sprache
499 Niese, Autogen. Schweißen
500 Simmel, Hauptprobleme der Philosophie
521 Marcard-Beck, Dampfkessel II
536 Lehmann, Kant
538 Rumpf, Archäologie I
539 Rumpf, — II
557 Nestle, Griechische Literaturgeschichte II
561 Matthes, Werkzeugmaschinen I
562 Matthes, — II
564 Behn, Kultur der Urzeit I
565 Behn, — II
566 Behn, — III
571 Lehmann, Philosophie des 19. Jahrhunderts I
576/576a Moser, Gesangskunst
579 Müller-Schulze, Techn. Tabellen
580 Sedlaczek, Walzwerke I
581 Engel, Maschinen der Walz- und Hüttenwerke
583 Sedlaczek, Walzwerke II
585 Dehnert, Verkehrswasserbau I
589 Tochtermann, Maschinenzeichnen I
590 Tochtermann, — II
594 Lengerken, Insekten
597 Dehnert, Verkehrswasserbau II
601 Mutschmann, Engl. Phonetik
619 Buchwald, Kristalloptik
665 Ludin, Wasserkraftanlagen I
668 Knopp, Funktionentheorie I
677 Altheim, Röm. Geschichte II
691 Fauser, Kulturtechn. Bodenverbesserungen I
692 Fauser, — II
698/698a Schulze, Allgemeine und physikalische Chemie II
703 Knopp, Funktionentheorie II
709 Lehmann, Philosophie des 19. Jahrhunderts II

711 Kesselring, Berechnung der Schaltgeräte
714/714a zur Megede, Einf. in die Technik selbstät. Regelungen
715 Zietemann, Dampfturbinen II
716 Zietemann, — III
718 Neger-Münch, Laubhölzer
728 Pirani, Graph. Darstellung
735 Ekwall, Historische neuengl. Laut und Formenlehre
763/763a Beer-Meyer, Hebräische Grammatik I
764/764a Beer-Meyer, — II
768/768a Bieberbach, Einführung in die konforme Abbildung
781 Weigert, Stilkunde II
786 Schulze, Allgem. und physikalische Chemie III
807 Kropp, Erkenntnistheorie I
809 Moser, Harmonielehre I
826 Koch, Philosophie des Mittelalters
827 Schwaiger, Elektromotorische Antriebe
845 Lehmann, Philosophie im ersten Drittel des 20. Jahrhunderts
847 Herter, Lurche
851 Moede, Psychologie des Berufs- und Wirtschaftslebens
852 Erismann, Allg. Psychologie
856 Quelle, Iberoamerika
857 Capelle, Griech. Philosophie I
858 Capelle, — II
859 Capelle, — III
862 Werkmeister, Vermessungskunde III
863 Capelle, Griech. Philosophie IV
875 Hofmann, Gesch. d. Math. II
877 Knopp, Aufgabensammlung zur Funktionstheorie I
878 Knopp, Gesch. d. Math. II
881 Humburg, Gleichstrommaschine II
882 Hofmann, — III
902 Müller, Dynamik I
903 Müller, — II
910 Jaeger, Afrika I
911 Jaeger, — II
917/917a Böhm, Versicherungsmathematik II
920 Hoheisel, Gewöhnliche Differentialgleichungen
921 Jantzen-Kolb, W. v. Eschenbach
929 Schirmer, Dt. Wortkunde
930 Krull, Elementare und klassische Algebra I
931 Hasse, Höhere Algebra I
932 Hasse, — II
952 Schäfer, Transformatoren
953 Zipperer, Techn. Schwingungslehre I
961/961a Zipperer, Techn. Schwingungslehre II
965 Dehnert, Wehr- und Stauanlagen
970 Baldus-Löbell, Nichteuklid. Geometrie
972 Herter, Tierphysiologie I
973 Herter, — II
978 Kleinlogel, Baustoffverarb. u. Baustellenprüf. des Betons
984 Graf, Die wichtigsten Baustoffe des Hoch- u. Tiefbaus
999/999a Kamke, Mengenlehre
1000 Jaspers, Geistige Situation
1003 Hoheisel, Partielle Differentialgleichungen
1008 Mellerowicz, Allgemeine Betriebswirtschaftslehre I
1009 Bechert-Gerthsen, Atomphysik I
1014 Huttenlocher, Mineral- und Erzlagerstättenkunde I
1015/1015a Huttenlocher, — II
1020 Niese-Dienst, Elektr. Schweißverfahren
1031 Apel, Philosophisches Wörterbuch
1033 Bechert-Gerthsen, Atomphysik II
1034 Kranefeldt, Therapeutische Psychologie
1035 Altheim, Röm. Religionsgeschichte I
1039 Dovifat, Zeitungslehre I
1040 Dovifat, — II
1044 Tölke, Talsperren
1045 Schubert, Technik des Klavierspiels
1051/1051a zu Stolberg-Wernigerode, Gesch. der Verein. Staaten von Amerika
1052 Altheim, Röm. Religionsgeschichte II
1057 Roth, Thermochemie
1059 Hoheisel, Aufgabensammlung zu den gewöhnl. und partiellen Differentialgleichungen
1061 Grodzinski, Getriebelehre I

1065 Haller, Von den Karolingern zu den Staufern
1070 Sauter, Differentialgleichungen der Physik
1078 Troche, Stahlbetonbau
1082 Hasse-Klobe, Aufgabensamml. zur Höheren Algebra
1084 Nußelt, Technische Thermodynamik I
1085 Lietzmann, Zeitrechnung
1086 Müller, Dt. Dichten u. Denken
1088 Preller, Geschichte Englands II
1092 Wickop, Fenster, Türen, Tore
1094 Hernried, System. Modulation
1105 Hartung, Dt. Geschichte im Zeitalter der Reformation
1108 de Boor-Wisniewski, Mittelhochdeutsche Grammatik
1109 Knopp, Elemente der Funktionentheorie
1111 Naumann-Betz, Althochdeutsches Elementarbuch
1113/1113a Strubecker, Differentialgeometrie I
1114 Schubel, Englische Literaturgeschichte I
1115 Ranke, Altnord. Elementarbuch
1116 Schubel, Englische Literaturgeschichte II
1121 Naumann, Dt. Dichten und Denken
1122 Feist, Sprechen u. Sprachpflege
1123/1123a Bechert-Gerthsen, Atomphysik III
1124 Meissner, Englische Literaturgeschichte III
1125 Lehnert, Altengl. Elementarbuch
1127 Hartmann, Geschlecht und Geschlechtsbestimmung im Tier- und Pflanzenreich
1128 Buchner, Symbiose der Tiere mit pflanzl. Mikroorganismen
1130 Dibelius, Jesus
1131 Scholz-Schoeneberg, Einführung in die Zahlentheorie
1132 Frühauf, Überspannungen und Überspannungsschutz
1134 Kuckuck, Pflanzenzüchtung I
1135 Lehnert, Beowulf
1136 Meissner, Englische Literaturgeschichte IV
1137 Heil, Entwicklungsgeschichte des Tier- und Pflanzenreichs
1138 Hämmerling, Fortpflanzung im Tier- und Pflanzenreich
1140 Unger, Induktionsmaschinen
1141 Koller, Hormone
1142 Meissner-Lehnert, Shakespeare
1144 Gehler-Herberg, Festigkeitslehre I
1145/1145a Herberg-Dimitrov, - II
1146 Humburg, Synchrone Maschine
1147 v. Waltershausen, Kunst des Dirigierens
1148 Pepping, Der polyphone Satz I
1151 Nußelt, Technische Thermodynamik II
1152 Dehnert, Verkehrswasserbau III
1153 Mellerowicz, Allgem. Betriebswirtschaftslehre II
1154 Mellerowicz, — III
1155 Schwartz, Mikrobiologie I
1156 Meinke, Kompl. Berechnung der Wechselstromschaltung
1157 Schwartz, Mikrobiologie II
1158 Mayrhofer, Sanskrit-Grammatik
1159 Jungbluth, Gießereitechnik I
1160 Dibelius-Kümmel, Paulus
1161 Kaestner, Spinnentiere
1162 Seidel, Entwicklungsphysiolog. der Tiere I
1163 Seidel, — II
1165/1165a Bechert-Gerthsen, Atomphysik IV
1169 Paulsen, Allgemeine Volkswirtschaftslehre I
1170 Paulsen, — II
1171 Paulsen, — III
1172 Paulsen, — IV

AUTORENREGISTER

FSC
www.fsc.org
MIX
Papier | Fördert gute Waldnutzung
FSC® C083411

Zeitfracht Medien GmbH
Ferdinand-Jühlke-Straße 7
99095 Erfurt, Deutschland
produktsicherheit@kolibri360.de